완전합격

한국산업인력공단 NCS 반영

용접 산업기사

실기시험문제

대한민국 국가대표 브랜드

국가자격 시험문제 전문출판

에듀크라운
국가자격시험문제 전문출판
www.educrown.co.kr

최고의 적중률!! 최고의 합격률!!
크라운출판사
국가기술자격시험문제 전문출판
http://www.crownbook.com

저자소개

김 민 태

공주대학교 일반대학원 기계공학 석사, 용접기능장, 배관기능장

이 한 섭

공주대학교 일반대학원 기계공학 박사 수료, 용접기능장, 배관기능장

임 병 철

공주대학교 일반대학원 기계공학 박사, 용접기능장, 배관기능장

김 명 선

국민대학교 산업대학원 신재료공학 석사

대한민국 산업현장교수 용접 국민대학교 산업대학원 신소재공학 석사, 용접기능장

머리말

국가직무능력표준(National Competency Standards : NCS)은

산업현장에서 직무를 수행하기 위해 요구되는 지식, 기술, 소양 등의 내용을 국가가 산업부문별, 수준별로 체계화 하여 제공함으로써 산업현장의 직무를 성공적으로 수행하기 위해 필요한 능력(지식, 기술, 태도)을 표준화한 것을 의미한다.

교육현장의 현실은 기업이 요구하는 인적자원을 배출하지 못하여 현장 적응 능력이 떨어져 현장에서 재교육을 시켜야 하는 것이 현재 업계의 실정이다. 교육 현장에서는 산업현장의 수요에 맞는 인재를 배출하고 기업은 인재를 체계적으로 관리하여 기업의 경쟁력, 국가의 경쟁력을 강화해야 하는 시점이다. 선진국에서는 이미 이런 문제점을 인식하고 산업현장이 요구하는 직무 능력에 대한 표준을 만들어 교육훈련과 자격시험을 통해 국가차원에서 인적자원을 관리하고 있다. NCS는 그 활용 측면에 있어서 해당 직무에서의 수요를 체계적으로 분석하여 교육(훈련)기관, 자격기관, 그리고 산업현장(기업체 등)이 유기적인 연관 관계를 가짐으로써 그 기능을 극대화 할 수 있다. 즉, NCS에서는 해당직무 분야에 필요한 능력 요구 단위, 수행 준거 등을 설정하여 표준을 제시하면 훈련기관에서는 모듈 단위의 학습과제에 따라 훈련과 교육을 병행하고 자격기관은 이를 평가하여 자격을 발급하게 되고 산업수요자는 이를 토대로 자격을 갖춘 인력을 선발하여 직무에 활용하는 유기적인 체계를 구축하는 것이 큰 목표이다.

이러한 NCS활용 측면에서 국가기술자격검정이 지향하는 목표는 산업수요에 맞는 현장 중심의 직무 인력 양성을 위한 공정한 능력 평가를 통한 산업 수요와 공급의 불균형을 해소하고 자격취득자의 능력을 인정받게 함으로써 능력중심 사회 구현에 이바지 하는 것이다. 정부가 인재관리를 위하여 국가적 차원에서 적극적으로 국가직무능력표준을 주도하는 것은 바람직하지만 국가직무능력표준 개발 과정에서 여전히 많은 문제점과 혼란을 드러내고 있다.

따라서 필자는 용접분야의 NCS를 현행 국가기술자격인 용접산업기사 실기시험에 적용하기 위하여 현행 용접분야 국가기술자격검정 체계의 현황과 문제점, 급변하는 용접기술 영역을 수용하기 위한 용접방법 및 개선사항을 기술하였다.

출제기준
실기

직무 분야	재료
중직무 분야	금속재료
자격 종목	용접기능사
적용 기간	2017. 1. 1. ~ 2020. 12. 31.

■ **직무내용**
주로 제품과정에 필요한 하나의 제품 또는 구조물을 완성하는 용접작업을 수행 및 관리하며, 용접에 관한 설계와 제도 완성, 이에 따르는 비용계산, 재료준비 등의 직무를 수행한다.

■ **수행준거**
1. 도면, 용접절차사양서, 작업지시서에서 용접요구 사항을 파악할 수 있다.
2. 용접재료 준비와 작업환경을 확인할 수 있다.
3. 안전보호구 착용 및 용접장치 특성을 이해하고, 용접기 설치 및 점검관리를 할 수 있다.
4. 주어진 도면을 해독하여 소요 재료를 산출할 수 있다.
5. 작업공정에 따라 용접재료를 용도에 맞게 절단, 가공 및 용접할 수 있다.
6. 용접작업시 수시(자주)검사할 수 있다.
7. 작업장정리 및 용접기록부를 작성할 수 있다.

실기검정방법	작업형
시험시간	2시간 정도

실기과목명	주요항목	세부항목	세세항목
용접실무	1. 피복아크 용접 도면 해독	1. 용접기호 확인하기	1. 용접 자세를 지시하는 용접기본기호를 구별할 수 있다. 2. 용접이음, 그루브의 형상을 지시하는 용접 본기호를 구별 할 수 있다. 3. 가공 상태를 지시하는 용접보조기호의 의미를 구별할 수 있다.
		2. 도면 파악하기	1. 제작도면을 해독하여 도면에 표기된 용접 자세, 용접이음, 그루브의 형상 등을 파악할 수 있다. 2. 제작도면에 표기된 용접에 필요한 기본 요구사항 등을 파악할 수 있다. 3. 제작도면을 해독하여 용접구조물 형상을 파악할 수 있다.
		3. 용접절차사양서 파악하기	1. 용접절차사양서(용접도면, 작업지시서)에서 용접 일반에 관한 특정 사항 등을 파악할 수 있다. 2. 용접절차사양서(용접도면, 작업지시서)에서 요구하는 이음의 형상을 파악할 수 있다. 3. 용접절차사양서(용접도면, 작업지시서)에서 요구하는 용접방법에 대하여 파악할 수 있다. 4. 용접절차사양서(용접도면, 작업지시서)에서 요구하는 용접조건을 파악할 수 있다. 5. 용접절차사양서(용접도면, 작업지시서)에서 요구하는 용접 후 처리 방법에 대하여 파악 할 수 있다.
	2. 피복아크 용접 재료 준비	1. 모재 준비하기	1. 용접구조물의 사용성능에 맞는 모재를 선택할 수 있다. 2. 요구하는 용접강도 및 모재 두께에 알맞은 그루브 형상을 가공할 수 있다. 3. 요구하는 이음형상으로 모재를 배치할 수 있다. 4. 작업에 사용할 모재를 청결하게 유지할 수 있다.
		2. 용접봉 준비하기	1. 용접절차사양서(용접도면, 작업지시서)에 따라 모재의 화학성분, 기계적성질에 적합한 용접봉을 선택할 수 있다. 2. 용접절차사양서(용접도면, 작업지시서)에 따라 모재의 두께, 이음 형상에 적합한 용접봉을 선택할 수 있다. 3. 용접절차사양서(용접도면, 작업지시서)에 따라 용접성, 작업성에 적합한 용접봉을 선택할 수 있다. 4. 용접봉 피복제 종류에 따른 적정 건조온도와 시간을 관리할 수 있다.
		3. 용접치공구 준비하기	1. 용접치공구의 특성을 알고 다룰 수 있다. 2. 용접포지셔너의 특성을 알고 적용할 수 있다. 3. 용접구조물 형태에 따른 치공구 특성을 알고 배치할 수 있다. 4. 용접변형에 따른 역변형과 고정력을 치공구에 반영할 수 있다.
	3. 피복아크 용접 장비 준비	1. 용접 장비 설치하기	1. 작업 전 용접기 설치장소의 이상 유무를 확인할 수 있다. 2. 용접기의 각부 명칭을 알고 조작할 수 있다. 3. 용접기의 부속장치를 조립할 수 있다. 4. 용접기에 전원 케이블과 접지 케이블을 연결할 수 있다. 5. 용접용 치공구를 정리정돈할 수 있다.
		2. 용접설비 점검하기	1. 아크를 발생시켜 용접기의 이상 유무를 확인할 수 있다. 2. 전격방지기의 용도를 알고 이상 유무를 확인할 수 있다. 3. 용접봉 건조기의 용도를 알고 이상 유무를 확인할 수 있다. 4. 환풍기의 용도를 알고 이상 유무를 확인할 수 있다. 5. 용접포지셔너의 용도를 알고 이상 유무를 확인할 수 있다. 6. 용접설비가 작업여건에 맞게 배치되었는지를 확인할 수 있다.
		3. 환기장치 설치하기	1. 환풍기의 종류를 알고 작업여건에 따라 선택할 수 있다. 2. 작업환경에 따라 환기방향을 선택하고 환기량을 조절할 수 있다. 3. 작업장의 환기시설을 조작하고 이상 유무를 확인할 수 있다. 4. 이동용 환풍기를 설치할 때 이상 유무를 확인할 수 있다.
	4. 피복아크 용접 작업 안전보건 관리	1. 용접작업 안전수칙 파악하기	1. 산업안전보건법에 따라 용접작업의 안전수칙을 준수할 수 있다. 2. 산업안전보건법에 따라 안전보호구를 준비하고 착용할 수 있다. 3. 안전사고 행동 요령에 따라 사고 시 행동에 대비할 수 있다. 4. 용접 장비의 안전수칙을 숙지하여 장비에 의한 사고에 대비할 수 있다.
		2. 용접작업장 주변정리 상태 점검하기	1. 용접작업장 주변에 화재예방을 위해 인화물질을 점검하고 소화용 장비를 준비할 수 있다. 2. 용접작업시 추락 방지와 낙화물에 의한 사고를 예방하기 위하여 작업장 주변을 점검할 수 있다. 3. 용접작업장 청결을 위해 주변을 깨끗이 정리정돈할 수 있다. 4. 용접작업장의 환기를 위해 환기시설을 확인하고 설치, 조작할 수 있다.
		3. 수동·반자동 가스절단 측정 및 검사하기	1. 절단기 부속품을 검사·측정하여 불량 시, 제작사 절차에 따라 교체·수리할 수 있다. 2. 결과물 절단부위에 대한 작업표준 준수여부를 검사할 수 있다. 3. 제작사 절차에 따른 절단부위 검사항목을 측정하여 기록할 수 있다.

실기과목명	주요항목	세부항목	세세항목
용접실무	5. 피복아크용접 가용접 작업	1. 모재치수 확인하기	1. 도면에 따라 용접조건에 맞는 모재의 재질을 확인할 수 있다. 2. 도면에 따라 용접조건에 맞는 모재의 치수를 확인할 수 있다. 3. 도면에 따라 길이 및 각도 측정용 공구 등을 사용하여 치수를 측정할 수 있다.
		2. 용접부 이음형상 확인하기	1. 도면에 따라 이음형상이 조립되어 있는지 확인할 수 있다. 2. 이음형상에 따라 치공구를 배치할 수 있다. 3. 조립부의 치수가 도면과 일치하는 지 확인할 수 있다.
	6. 피복아크용접 본용접 작업	1. 용접조건 설정하기	1. 용접절차사양서에 따라 피복아크 용접을 실시할 모재의 특성, 두께,이음의 형상을 파악할 수 있다. 2. 용접절차사양서에 따라 용접전류를 설정할 수 있다. 3. 용접절차사양서에 따라 적합한 용접기의 작업기준을 설정할 수 있다. 4. 용접절차사양서에 따라 용접작업표준을 설정할 수 있다.
		2. 용접부 온도관리	1. 용접부 형상과 모재의 종류에 따른 예열 기구를 이해하고 적용할 수 있다. 2. 용접절차사양서(용접도면, 작업지시서)에 규정된 예열 온도를 준수하여 용접부를 예열할 수 있다. 3. 다층용접인 경우에는 용접절차사양서에 규정된 층간 온도를 준수하여 용접작업을 할 수 있다.
		3. 용접부 본용접하기	1. 용접절차사양서(용접도면, 작업지시서)에 따라 용접기의 종류를 선정하고 용접조건을 설정할 수 있다. 2. 용접절차사양서(용접도면, 작업지시서)에 따라 용접작업을 수행 할 수 있다. 3. 용접절차사양서(용접도면, 작업지시서)에 따라 전후 처리를 할 수 있다.
	7. 피복아크용접부 검사	1. 용접 전 검사하기	1. 모재의 재질 및 용접조건을 확인할 수 있다. 2. 용접이음과 그루브의 형상 상태를 확인할 수 있다. 3. 용접부 모재의 청결 상태를 확인할 수 있다. 4. 용접구조물의 가용접 상태를 확인할 수 있다.
		2. 용접 중 검사하기	1. 용접부의 변형 상태를 확인할 수 있다. 2. 용접부의 외관 결함여부를 확인할 수 있다. 3. 용접부 용착 상태를 확인할 수 있다.
		3. 용접 후 검사하기	1. 용접부 외관검사를 할 수 있다. 2. 용접부 잔류응력, 내부응력을 확인할 수 있다. 3. 용접부 비파괴 검사를 실시할 수 있다.
	8. 피복아크용접 작업 후 정리 정돈	1. 용접작업장 정리정돈 하기	1. 용접케이블을 안전하게 정리정돈할 수 있다. 2. 용접작업 시 사용한 전기기기를 안전하게 정리정돈할 수 있다. 3. 용접작업후 잔여 재료를 구분하여 정리정돈할 수 있다. 4. 용접용 치공구를 정리정돈할 수 있다. 5. 용접작업 시 사용한 안전보호구를 종류별로 정리정돈 할 수 있다. 6. 용접작업장의 작업안전을 위해서 항상 청결하게 정리정돈 할 수 있다.
	9. 가스텅스텐 아크 용접 도면해독	1. 도면 파악하기	1. 제작도면을 해독하여 도면에 표기된 이음형상을 파악할 수 있다. 2. 제작도면에 표기된 용접에 필요한 기본 요구사항을 파악할 수 있다. 3. 제작도면을 해독하여 용접구조물 형상을 파악할 수 있다.
		2. 용접기호 확인하기	1. 용접 자세를 지시하는 용접 기본기호를 구별할 수 있다. 2. 용접이음의 형상을 지시하는 용접 기본기호를 구별할 수 있다. 3. 용접 보조기호의 의미를 구별할 수 있다.
		3. 용접절차사양서 파악하기	1. 용접절차사양서(용접도면, 작업지시서)에서 용접 일반에 관한 특정사항등을 파악할 수 있다. 2. 용접절차사양서(용접도면, 작업지시서)에서 요구하는 이음의 형상을 파악할 수 있다. 3. 용접절차사양서(용접도면, 작업지시서)에서 요구하는 용접방법에 대하여 파악할 수 있다. 4. 용접절차사양서(용접도면, 작업지시서)에서 요구하는 용접조건을 파악할 수 있다. 5. 용접절차사양서(용접도면, 작업지시서)에서 요구하는 용접 후처리 방법에 대하여 파악할 수 있다.
	10. 가스텅스텐 아크 용접 재료준비	1. 모재준비하기	1. 용접구조물의 기계적성질, 화학성분, 열처리 특성에 맞는 모재를 선택할 수 있다. 2. 요구하는 용접강도에 맞는 이음형상으로 가공할 수 있다. 3. 요구하는 모재치수에 맞는 이음형상으로 가공 할 수 있다. 4. 작업에 사용될 모재를 청결하게 유지할 수 있다.
		2. 용가재준비하기	1. 용접절차사양서(용접도면, 작업지시서)에 따라 용접조건에 맞는 용가재를 선정 할 수 있다. 2. 용접절차사양서(용접도면, 작업지시서)에 따라 용접모재 크기에 적합한 용가재 지름을 선택할 수 있다. 3. 용접절차사양서(용접도면, 작업지시서)에 따라용접성, 작업성에 적합한 용가재를 선택할 수 있다.

실기과목명	주요항목	세부항목	세세항목
용접실무	11.가스텅스텐 아크용접 작업안전 보건관리	1. 용접작업안전수칙 파악하기	1. 산업안전보건법에 따라 용접작업의 안전수칙을 준수할 수 있다. 2. 안전보호구를 준비하고 착용할 수 있다. 3. 안전사고 행동 요령에 따라 사고 시 행동에 대비 할 수 있다. 4. 안전수칙을 숙지하여 전격에 의한 사고를 대비할 수 있다.
		2. 용접안전보호구 점검하기	1. 안전을 위하여 보호구 선택시 유의사항을 파악할 수 있다. 2. 안전수칙에 규정된 보호구 구비조건을 파악하고 사용할 수 있다. 3. 안전모의 특징을 파악하고 착용할 수 있다. 4. 안전화의 특징을 파악하고 착용할 수 있다. 5. 보호복의 특징을 파악하고 착용할 수 있다.
	12.가스텅스텐 아크용접 장비준비	1. 용접 장비 설치하기	1. 용접작업 전 가스텅스텐아크 용접기 설치장소를 확인하여 정리정돈 할 수 있다. 2. 용접작업에 적합한 용접기의 용량을 선택할 수 있다. 3. 용접작업에 사용할 용접기에 1차 입력 케이블을 연결할 수 있다. 4. 용접작업에 사용할 접지 케이블을 연결할 수 있다.
		2. 보호가스 설치하기	1. 설치한 용접기의 후면 접속부에 보호가스용기의 레귤레이터 연결 가스호스를 연결할 수 있다. 2. 보호가스 용기의 레귤레이터를 설치 할 수 있다. 3. 보호가스의 압력과 유량을 용접작업에 알맞게 조정할 수 있다.
	13.가스텅스텐 아크용접 가용접 작업	1. 모재치수 확인하기	1. 용접절차사양세[용접도면, 작업지시서]에 따라 용접조건에 맞는 모재의 재질을 파악할 수 있다. 2. 도면에 따라 용접조건에 맞는 모재의 치수를 파악할 수 있다. 3. 측정요 공구를 사용하여 도면과의 일치 여부를 확인할 수 있다.
	14.가스텅스텐 아크용접 본용접 작업	1. 본용접하기	1. 용접절차사양서[용접도면, 작업지시서]에 따라 용접기의 종류를 선정하고 용접조건을 설정할 수 있다. 2. 용접절차사양서[용접도면, 작업지시서]에 따라 용접작업을 수행할 수 있다. 3. 용접절차사양서[용접도면, 작업지시서]에 따라 용접 후처리를 할 수 있다.
	15.가스텅스텐 아크용접 부검사	1. 용접 전 검사하기	1. 용접이음과 개선 그루브 상태를 확인할 수 있다. 2. 용접부 모재의 청결 상태를 확인할 수 있다. 3. 용접구조물의 가용접 상태를 확인할 수 있다.
		2. 용접 중 검사하기	1. 용접부의 수축 변형 상태를 확인할 수 있다. 2. 용접부의 층간 온도 유지 상태를 확인할 수 있다. 3. 용접부의 결함여부를 육안으로 확인할 수 있다.
		3. 용접 후 검사하기	1. 용접부 외관검사를 할 수 있다. 2. 도면에 따라 용접부의 치수를 검사할 수 있다. 3. 용접부의 변형상태를 검사할 수 있다. 4. 작업지침서에 따라 일부 비파괴검사를 할 수 있다.
	16.가스텅스텐 아크용접 결함부보 수용접 작업	1. 용접결함 확인하기	1. 용접부에 발생한 치수상 결함을 확인할 수 있다. 2. 용접부에 발생한 구조상 결함을 확인할 수 있다. 3. 용접부에 발생한 성질상 결함을 확인할 수 있다.
	17.가스텅스텐 아크용접 작업후 정리정돈	1. 보호가스차단하기	1. 용접용 보호가스 밸브를 차단할 수 있다. 2. 보호가스 누설을 확인 및 검사할 수 있다. 3. 검사 실시 후 이상 발견 시 상황에 맞는 조치를 취할 수 있다.
		2. 전원차단하기	1. 용접기 본체의 스위치를 차단할 수 있다. 2. 용접부스에 공급되는 메인전원을 차단할 수 있다. 3. 배기 및 환기시설 전원을 차단할 수 있다.
		3. 용접작업장 정리정돈하기	1. 용접모재 및 잔여 재료를 정리정돈할 수 있다. 2. 용접용 보호구 및 작업 공구를 정돈할 수 있다. 3. 작업장 주변을 청결하게 청소할 수 있다.
	18. CO₂용접 재료 준비	1. 모재 준비하기	1. 용접구조물의 사용성능[기계적성질, 화학성분, 열처리 특성]에 맞는 모재를 선택할 수 있다. 2. 요구하는 용접강도 및 모재 두께에 알맞은 이음형상에 맞게 가공할 수 있다. 3. 작업에 쓰일 모재를 청결하게 유지할 수 있다.
		2. 용접 와이어 준비하기	1. 모재의 재질 및 작업성에 맞는 와이어를 선정할 수 있다. 2. 용접부 이음 형상에 맞는 와이어를 선택할 수 있다. 3. 용접재료 및 두께에 맞는 와이어 지름을 선택할 수 있다. 4. 솔리드와이어, 플럭스코어드와이어 특성을 이해하고 선택할 수 있다.

실기과목명	주요항목	세부항목	세세항목
용접실무	18. CO₂용접 재료 준비	3. 보호가스 준비하기	1. CO_2용접작업에 적합한 보호가스 종류와 사용방법을 선택할 수 있다. 2. 용접절차사양서에 따라 보호가스로 CO_2나 혼합가스를 선택할 수 있다. 3. 보호가스가 토치부로 적정 유량이 나오는지 확인할 수 있다.
		4. 백킹재 준비하기	1. 용접절차사양서에 따라 적합한 백킹재를 준비할 수 있다. 2. 모재의 두께와 이음형상에 알맞은 백킹재를 선택할 수 있다. 3. 백킹재를 모재의 홈에 맞게 부착할 수 있다.
	19. CO₂용접 장비 준비	1. 용접 장비 점검하기	1. CO_2용접기의 각부 명칭을 알고 조작할 수 있다. 2. 가스 공급장치의 가스누설 점검 및 유량을 조절할 수 있다. 3. 용접기 패널의 크레이터 유/무 전환 스위치와 일원/개별 전환 스위치를 선택할 수 있다. 4. 아크를 발생시켜 용접기 이상 유/무를 확인할 수 있다.
	20. 가용접 작업	1. 모재치수확인하기	1. 용접절차사양서(용접도면, 작업지시서)에 따라 용접조건에 맞는 모재의 재질을 파악할 수 있다. 2. 용접절차사양서(용접도면, 작업지시서)에 따라 용접조건에 맞는 모재의 치수를 파악할 수 있다. 3. 용접절차사양서(용접도면, 작업지시서)에 따라 길이 및 각도 측정용 공구 등을 사용하여 치수를 측정할 수 있다.
		2. 홈가공하기	1. 용접절차사양서(용접도면, 작업지시서)에 따라 홈 가공에 사용되는 공구 및 기계를 선택하여 사용할 수 있다. 2. 용접절차사양서(용접도면, 작업지시서)에 따라 홈 각도, 루트 면 등 용접이음부를 가공할 수 있다. 3. 용접절차사양서(용접도면, 작업지시서)에 따라 홈 가공 시 안전 수칙을 준수할 수 있다.
		3. 가용접하기	1. 용접절차사양서(용접도면, 작업지시서)에 따라 용접 구조물 조립을 위한 순서를 파악할 수 있다 2. 용접절차사양서(용접도면, 작업지시서)에 따라 용접 구조물의 이음 형상에 적합한 가용접 위치 및 길이를 파악할 수 있다. 3. 용접절차사양서(용접도면, 작업지시서)에 따라 용접 구조물의 응력 집중부를 피하여 가용접 작업을 수행할 수 있다. 4. 용접절차사양서(용접도면, 작업지시서)에 따라 용접 구조물이 변형되지 않도록 가용접 작업을 수행할 수 있다.
	21. 솔리드 와 이어용접 작업	1. 솔리드와이어용접 조 건 설정하기	1. 용접절차사양서(용접도면, 작업지시서)에 따라 솔리드와이어용접을 실시할 모재의 특성, 두께, 이음의 형상을 파악할 수 있다. 2. 용접절차사양서(용접도면, 작업지시서)에 따라 용접전류, 용접전압 등을 설정할 수 있다. 3. 용접절차사양서(용접도면, 작업지시서)에 따라 적합한 용접기의 작업기준을 설정할 수 있다. 4. 용접절차사양서(용접도면, 작업지시서)에 따라 용접 작업표준을 설정할 수 있다.
		2. 솔리드와이어 선택하기	1. 용접절차사양서(용접도면, 작업지시서)에 따라 모재의 화학성분, 기계적 성질에 적합한 솔리드 와이어를 선택할 수 있다. 2. 용접절차사양서(용접도면, 작업지시서)에 따라 모재의 두께, 이음 형상에 적합한 솔리드와이어를 선택할 수 있다. 3. 용접절차사양서(용접도면, 작업지시서)에 따라 용접성, 작업성에 적합한 솔리드와이어를 선정할 수 있다.
		3. 솔리드와이어용접 보 호가스선택하기	1. 용접절차사양서(용접도면, 작업지시서)에 따라 솔리드와이어용접작업에 적합한 보호가스를 선정할 수 있다. 2. 용접절차사양서(용접도면, 작업지시서)에 따라 솔리드와이어용접작업에 적합한 보호가스 사용조건을 설정할 수 있다. 3. 선정한 보호가스 공급장비를 안전하게 운용할 수 있다.
		4. 솔리드와이어 용접하기	1. 용접절차사양서(용접도면, 작업지시서)에 따라 용접기의 종류를 선정하고 용접조건을 설정할 수 있다. 2. 용접절차사양서(용접도면, 작업지시서)에 따라 솔리드와이어용접작업을 시행할 수 있다. 3. 용접절차사양서(용접도면, 작업지시서)에 따라 용접후처리(표면처리, 열처리 등)를 할 수 있다.
	22. 플럭스 코어드와 이어용접 작업	1. 플럭스코어드 와이어 용접 조건설정하기	1. 용접절차사양서(용접도면, 작업지시서)에 따라 플럭스코어드와이어용접 작업을 실시할 모재의 특성, 두께, 이음의 형상을 파악할 수 있다. 2. 용접절차사양서(용접도면, 작업지시서)에 따라 용접전류, 용접전압 등을 설정할 수 있다. 3. 용접절차사양서(용접도면, 작업지시서)에 따라 적합한 용접기의 작업기준을 설정할 수 있다. 4. 용접절차사양서(용접도면, 작업지시서)에 따라 용접 작업표준을 설정할 수 있다.

실기과목명	주요항목	세부항목	세세항목
용접실무	22. 플럭스코어드와이어용접작업	2. 플럭스코어드 와이어 선택하기	1. 용접절차사양서(용접도면, 작업지시서)에 따라 모재의 화학성분, 기계적 성질에 적합한 플럭스코어드와이어를 선택할 수 있다. 2. 용접절차사양서(용접도면, 작업지시서)에 따라 모재의 두께, 이음 형상에 적합한 플럭스코어드와이어를 선택할 수 있다. 3. 용접절차사양서(용접도면, 작업지시서)에 따라 용접성, 작업성에 적합한 플럭스코어드 와이어를 선정할 수 있다.
		3. 플럭스코어드 와이어 용접 작업	1. 용접절차사양서(용접도면, 작업지시서)에 따라 플럭스코어드와이어용접 작업에 적합한 보호가스를 선정할 수 있다. 2. 용접절차사양서(용접도면, 작업지시서)에 따라 플럭스코어드와이어용접 작업에 적합한 보호가스 사용조건을 설정할 수 있다. 3. 선정한 보호가스 공급장비를 안전하게 운용할 수 있다.
		4. 플럭스코어드 와이어 용접하기	1. 용접절차사양서(용접도면, 작업지시서)에 따라 용접기의 종류를 선정하고 용접 조건을 설정할 수 있다. 2. 용접절차사양서(용접도면, 작업지시서)에 따라 플럭스코어드와이어 용접작업을 시행할 수 있다. 3. 용접절차사양서(용접도면, 작업지시서)에 따라 용접 후처리(표면처리, 열처리 등)를 할 수 있다.
	23. 용접부 검사	1. 용접 전 검사하기	1. 용접 모재의 재질 및 용접조건을 확인할 수 있다. 2. 용접이음과 개선 홈 상태를 확인할 수 있다. 3. 용접부 모재의 청결 상태를 확인할 수 있다. 4. 용접구조물의 가용접 상태를 확인할 수 있다.
		2. 용접 중 검사하기	1. 용접부의 수축 변형 상태를 확인할 수 있다. 2. 용접부의 균열, 슬래그 섞임 등 결함여부를 확인할 수 있다. 3. 용접부 용착 상태를 확인할 수 있다.
		3. 용접 후 검사하기	1. 용접부 외관검사를 할 수 있다. 2. 용접부 재질에 따른 변형 교정 및 후열 처리를 할 수 있다. 3. 용접부 잔류응력 및 내부응력을 확인할 수 있다. 4. 용접부 파괴 및 비파괴 검사를 실시할 수 있다.
	24. 작업 후 정리·정돈	1. 보호가스차단하기	1. 용접용 보호가스 밸브를 차단할 수 있다. 2. 보호가스 누설을 확인 및 검사할 수 있다. 3. 검사 실시 후 이상 발견 시 상황에 맞는 조치를 취할 수 있다.
		2. 전원차단하기	1. 용접기 본체의 스위치를 차단할 수 있다. 2. 용접부스에 공급되는 메인 전원을 차단할 수 있다. 3. 배기 및 환기시설 전원을 차단할 수 있다.
		3. 작업장 정리·정돈하기	1. 용접모재 및 잔여 재료를 정리 정돈할 수 있다. 2. 용접용 보호구 및 작업 공구를 정돈할 수 있다. 3. 작업장 주변을 청결하게 청소할 수 있다.

CONTENTS

피복아크 용접
SMAW

Chapter 1

01 용접 재료 준비

1 모재 준비하기

1 · 용접 연습모재 준비하기

용접산업기사 실기시험에 출제되어지는 시험용 모재는 그림 1-1과 같이 일반 구조용강 SS400 재질을 이용하며 시험편의 규격은 t6 × 100W(폭) × 150L(용접선 길이)을 각각 사용한다. 모재의 가공은 유압전단기 또는 레이저 절단법 등을 이용하여 절단을 진행한 후 밀링가공, 가스절단 또는 그라인더 가공을 통해 30 ~ 35° 개선가공을 한다.

V형 맞대기 시험편 규격(연강판 SS400)

100 × 150 × t6, 2매

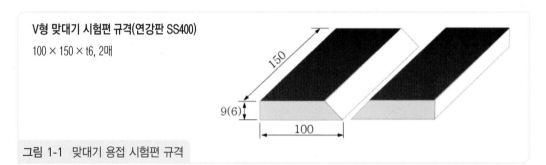

그림 1-1 맞대기 용접 시험편 규격

시험편 홈의 치수

홈각도 : 60 ~ 70°

루트면 : 1.5 ~ 2mm

루트 간격 : 2.8 ~ 3.2mm

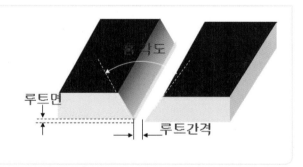

그림 1-2 맞대기 용접 시험편 홈의 치수

ⓐ t6 시험용 모재(SS400)

ⓑ t9 시험용 모재(SS400)

그림 1-3 맞대기 용접용 실전 시험 지급 모재

이러한 가공 준비에 들어가는 시간을 줄이고자 그림 1-4와 같이 시중에서 판매되어지는 용접 연습모재를 준비하여 실습을 진행하였다. 연습모재로 충분한 기량을 만든 후에 실제 시험장에서 지급되어지는 동일한 규격의 시험편으로도 연습을 하고 국가자격 시험에 응시 하는 것을 추천한다.

① 용접 연습모재는 두께에 따라 t6 × 30w × 150L 각각 5매를 준비한다.

ⓐ 용접 연습모재(압연시편)

ⓑ t6 각각 4〜5매씩 준비

그림 1-4 연습모재 금긋기

② 용접선 150mm 중간지점에 노치 가공을 위해 석필 또는 금긋기 바늘 등을 이용하여 양 끝단으로부터 75mm 지점에 중심선을 마킹한다.

ⓐ 연습모재 중간지점 마킹(75mm 지점)

ⓑ 치수 확인

그림 1-5 연습모재 중심선 마킹

③ 용접 연습모재의 개선면과 루트면은 불규칙하기 때문에 그라인더를 이용하여 개선면의 산화피막을 제거한 후에 루트면을 1.5~2.0 mm로 가공한다. 연습시간을 최대한 효율적으로 사용하기 위해 전기 그라인더를 사용한다. 그러나 실제 시험장에서는 실수를 하지 않기 위해 줄을 이용하여 루트면 가공을 한다.

ⓐ 개선면 산화피막 제거

ⓑ 루트면 가공

그림 1-6 개선면 및 루트면 가공

2 · 가공 모재 검사하기

① 용접게이지를 이용하여 개선각도를 측정한다. 개선각도는 30~35° 범위 이내로 한다.

② 강철자를 이용하여 루트면을 측정한다. 루트면은 1.5~2.0mm 범위 이내로 한다.

ⓐ 개선각도 35°

ⓑ 루트면 1.5~2.0mm

그림 1-7 연습모재 가공후 개선각도 및 루트면 측정

3 · 용접부 중간지점에 노치 가공하기

① 줄을 약 45° 기울여서 용접부 중간지점의 마킹선을 따라 노치 가공을 한다.

ⓐ 줄을 45°기울여 노치 가공

ⓑ 노치 가공 확인

그림 1-8 줄작업을 통한 노치 가공

2 용접봉 준비하기

1 · 용접봉 준비하기

연강용 피복아크 용접봉은 KSD 7004에 규정되어 있다. 연강용 피복 아크 용접봉은 가장 많이 쓰이며, 실기시험에서 사용되는 용접봉의 피복제 계통은 저수소계이며 규격은 E4316(E7016)으로 표기된다. KS(대한민국)규격에서 저수소계 용접봉은 E4316으로 표시되며 AWS(미국) 규격에서는 E7016으로 표시하고 있다. 규격을 표기할 때 가장 첫 번째 'E'는 Electrode의 약어이며, 용접봉의 뜻을 갖고 있다. '43'은 43kgf/mm2 으로써 단위면적(mm2)당 최소인장강도를 나타내며 마지막 'XX'는 피복제의 계통을 나타낸다.

일반 경량구조물, 일반배관 설비 등에서는 고산화티탄계 E4313(E6013) 계열의 용접봉을 많이 사용하며 용접 후 비드 표면이 고우며 아크 발생이 쉬워 작업성이 우수한 특징이 있다. 반면, 저수소계 용접봉 E4316(E7016)은 중요 부재의 고강도, 고압, 후판 등의 용접에 주로 사용되며 용접 입문자들의 경우 처음 사용 시 아크 발생이 쉽지가 않다는 단점이 있다. 초반에 익숙해지기 위한 연습이 필요하다.

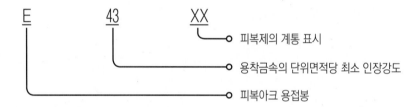

① 용접봉 제조사별 메이커에 따른 알맞은 규격을 확인한다. 국내에서 생산되는 용접봉은 해외로 대부분 수출되기 때문에 용접봉은 KS가 아닌 AWS규격에 맞춰 표기되어진다. 저수소계 용접봉은 평균 20kg 단위로 판매되어지며, 5kg 단위로도 구입이 가능하다.

ⓐ 저수소계 용접봉(20kg)

ⓑ 저수소계 용접봉(5kg)

그림 1-9 용접봉 제조사별 규격 확인

② 그림 1-10은 박스 표면에 표기 되어진 해당 용접봉에 대한 세부사항을 나타내고 있으며, 사용 전 꼼꼼히 확인을 한다.

그림 1-10 용접봉 규격 세부사항

③ 그림 1-11 ⓐ와 같이 용접봉의 홀더 물림부 부근에는 해당 용접봉의 피복제 계통을 나타내는 식별번호 E7016이 맞는지 확인할 수 있다.

④ 그림 1-11 ⓑ와 같이 저수소계 용접봉을 건조기에 넣고, 300~350℃에서 1~2시간 동안 건조시킨다.

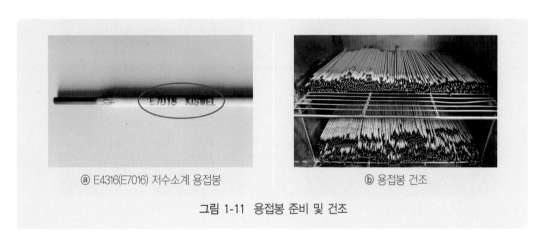

ⓐ E4316(E7016) 저수소계 용접봉   ⓑ 용접봉 건조

그림 1-11 용접봉 준비 및 건조

3 치공구 준비하기

1 · 치공구 준비하기

① 피복아크 용접 실습에 필요한 치공구는 그림 1-12와 같다.

ⓐ 전류계(클램프 미터)

ⓑ 4인치 그라인더

ⓒ 강철자

ⓓ 자석

ⓔ 줄

ⓕ 슬래그 해머

ⓖ 용접집게

ⓗ 와이어 브러쉬

그림 1-12 용접 치공구의 종류

02 장비준비

1 용접 장비 설치하기

1 · 피복아크 용접기의 종류 파악하기

피복아크 용접기는 전원의 특성에 따라 두 가지 종류가 있다. 실무 현장에서 사용되는 휴대용 인버터 직류 용접기(정류기형)와 교육용으로 많이 사용되는 교류 아크 용접기로 분류된다. 실기 시험에서는 교류 아크 용접기를 사용하여 시험 과제를 작업한다. 직류 용접기의 경우 정극성과 역극성의 특성을 갖는 반면에 교류아크 용접기는 1초(60Hz)에 60번 양극(+)과 음극(−)이 서로 교번하므로 반은 정극성, 반은 역극성이며, 120번 아크 전압이 0이 되므로, 아크가 불안정하여 비피복 용접봉 사용이 어렵다.

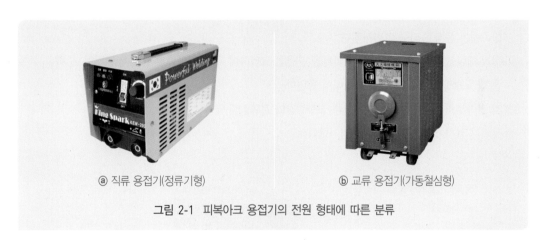

ⓐ 직류 용접기(정류기형)   ⓑ 교류 용접기(가동철심형)

그림 2-1 피복아크 용접기의 전원 형태에 따른 분류

2 · 설치 장소 확인하기

① 습기나 먼지 등이 많은 장소는 설치를 피하고, 환기가 잘 되는 곳을 선택한다.
② 휘발성 기름이나 유해한 부식성 가스가 존재하는 장소를 피한다.

③ 벽에서 30cm 이상 떨어져 있고, 견고한 구조의 수평 바닥에 설치한다.

④ 진동이나 충격을 받는 곳, 폭발성 가스가 존재하는 곳을 피한다.

⑤ 비, 바람이 치는 장소, 주위 온도가 −10℃ 이하인 곳을 피한다.(−10~40℃ 유지되는 곳 적당)

⑥ 설치 장소에 먼지나 이물질, 가연성 물질, 가스 등이 있는 경우 완전히 격리시킨다.

3 · 교류 아크 용접기 설치 및 조작하기

① 가동 철심형 교류 아크 용접기, 1차 케이블, 2차 케이블(접지선, 홀더선), 홀더, 스패너, 드라이버 등 용접기 결선에 필요한 공구를 준비한다.

② 아크 발생에 필요한 핸드 실드나 헬멧, 용접 보호구, 연강판, 피복 금속 아크 용접봉(E4313, 고산화 티탄계), 기타 재료를 준비한다.

③ 배전반의 메인 스위치를 OFF하고 '수리중'이라는 표지판을 부착한다.

④ 용접기 커버를 열고 내부의 먼지를 건조된 압축공기를 사용하여 깨끗이 제거한다.

⑤ 1차 케이블의 한쪽 끝에 압착 터미널을 고정한 후 용접기의 1차 측 단자에 단단히 접속한 후 다른 한쪽은 벽 배전판의 배선용 차단기(NFB)에 연결한다.

⑥ 용접기 케이스는 반드시 접지시키고, 용접기의 노출된 부분은 절연 테이프로 감아 절연한다.

⑦ 2차 케이블 한쪽 끝에 압착 터미널(terminal)을 단단히 고정하여 용접기 출력 단자에 연결하고, 다른 한쪽에는 용접 홀더를 연결시킨다.

⑧ 접지 케이블의 한쪽 끝에 압착 터미널을 단단히 고정하여 용접기의 출력 단자에 연결하고, 다른 한쪽은 접지 클램프를 연결한 후 작업대에 물린다.

⑨ 각 접속부의 노출된 부분을 절연 테이프로 감아 절연한다.

⑩ 용접기 설치 상태, 이상 유무를 검사한다.

- 전류표시 액정
- ON / OFF 스위치
- 용량조절 핸들
- 출력 단자

그림 2-2 피복아크 용접기의 각부 명칭

2 전격 방지기 설치하기

1 · 전격 방지기의 원리를 파악하기

교류 아크 용접기는 무부하 전압이 70~80V 정도로 비교적 높아 감전 위험에 노출되어 있기 때문에 용접사를 보호하기 위하여 전격 방지 장치를 부착하여 사용한다. 전격 방지기는 용접 작업을 하지 않을 때에는 보조 변압기에 의해 용접기의 2차 무부하 전압을 20~30V 이하로 유지하고, 용접봉을 모재에 접촉한 순간에만 릴레이(relay)가 작동하여 용접작업이 가능하도록 되어 있으며, 아크의 단락과 동시에 자동적으로 릴레이가 차단되며, 2차 무부하 전압은 20~30V 이하로 되기 때문에 전격을 방지할 수 있으며, 용접기의 내부에 설치된 것이 일반적이나 일부는 외부에 설치된 것도 있다.

ⓐ 외부에 설치된 전격 방지기

ⓑ 설치사진

그림 2-3 전격 방지기 이해

2 · 자동 전격 방지기의 부착 방법 파악하기

① 직각으로 부착한다. 단, 어려울 때는 20°를 넘지 않는다.
② 용접기의 이동, 전동, 충격으로 이완되지 않도록 이완방지 조치를 한다.
③ 전격 방지 장치의 작동상태를 알기 위한 요소 등은 보기 쉬운 곳에 설치한다.
④ 전격방지 장치의 작동상태를 시험하기 위한 Test s/w는 조작하기 쉬운 곳에 부착한다.

3 · 자동 전격 방지기의 사용 조건 파악하기

① 자동 전격 방지 장치는 다음과 같은 장소에서 이상 없이 작동해야 한다.

② 주위 온도가 20℃ 이상 45℃ 이하인 상태이다.

③ 습기 및 먼지가 많은 장소이다.

④ 선상 또는 해안과 같은 염분을 포함한 공기 중의 상태이다.

⑤ 이상 진동이나 충격을 받지 않는 상태이다.

⑥ 표고 1,000m를 초과하지 않는 장소이다.

4 · 자동 전격 방지기 설치하기

① 전격 방지기의 전류 감지기(CT)를 1차 측 단자 안쪽 코일 끝에 끼운다.

② 1차 측 메인 전원의 1개의 케이블과 전격 방지기 제어선을 용접기 뒷면의 왼쪽 단자에 단단히 고정한다.

③ 1차 측 메인 전원의 다른 1개의 선을 전격 방지기의 입력선과 연결한다.

④ 전격 방지기의 출력선을 교류 아크 용접기 뒷면의 우측 단자에 단단히 고정한다.

⑤ 접속 상태를 확인한 후 메인 전원과 벽의 전원, 용접기 전원을 차례로 'ON'하고 아크를 발생하면서 전격 방지기의 작동 상태, 아크 발생 상태 등을 확인한다.

⑥ 이상이 없으면 메인 전원을 'OFF'하고 노출된 연결 부위를 절연 테이프로 완전 절연한다.

⑦ 접지선으로 용접기 케이스 후면의 접지 표시 부분에 접지시킨다.(접지 공사가 된 경우 보통 3~4선 1차 케이블 중에 녹색선이 접지선임)

3 용접 장비 위험성 파악 및 점검하기

1 · 아크 용접기의 위험 가능성에 대한 경고 사항을 파악하기

① 용접 중에 일어날 수 있는 감전사고 방지, 용접 흄 흡입 금지, 스패터에 의한 화상 발생 방지, 강한 불빛에 의한 안염 발생 방지에 대한 사항을 파악한다.

② 작업 전에 안전 교육과 안전 구호를 복창하여 안전 의식을 고취시킨다.

감전(전격) 사고 방지	1. 피복 금속 아크 용접봉이나 배선에 의한 감전 사고의 위험이 있으므로 주의할 것 • 젖었거나 손상된 장갑의 착용을 금하고 마르고 절연된 장갑을 착용할 것 • 작업장에서 감전 예방을 위한 절연복을 착용할 것 • 기계를 만지기 전에 플러그를 빼거나 전원 스위치를 차단할 것

용접 연기(fume) 흡입 금지	2. 용접시 발생하는 연기(fume)나 가스를 흡입 시 건강에 해로우므로 주의한다. • 용접시 발생하는 연기(fume)로부터 머리 부분을 멀리한다. • 연기(fume) 흡입 장치 및 배기가스 설비를 한다. • 통풍용 환풍기를 설치하여 작업 장소를 환기시킨다.
스패터에 의한 화재 발생 방지	3. 용접시 스패터로 인해 화재나 폭발 또는 파열 사고를 일으킬 수 있으므로 주의한다. • 인화성 물질이나 가연성 가스 근처에서 용접을 금한다. • 용접시 비산하는 스패터로 인해 화재의 위험이 있으니 가까운 곳에 소화기를 비치하여 화재에 대비한다. • 드럼통이나 컨테이너 박스와 같은 밀폐된 용기나 공간에서 용접을 금한다.
강한 불빛에 의한 안염 발생주의	4. 아크 발생시 강한 불빛과 스패터는 눈의 염증과 화상의 원인이 되므로 주의한다. • 모자, 보안경, 귀마개, 단추달린 셔츠를 착용하고 차광도가 충분한 안경이나 용접 헬멧을 사용한다.
작업 전에 안전 수칙 복창	5. 작업 전에 용접이나 기계에 대한 교육을 받고 안전 수칙을 숙지한다.

표 2-1 위험 가능성에 대한 경고

2 · 교류 아크 용접기의 고장 진단 및 보수 정비 방법을 파악하기

① 교류 아크 용접기는 대체적으로 기계식이며, 고정 철심과 가동 철심의 누설 자속의 크기에 의해 전류를 조정하는 전기 기계이므로 직류 아크 용접기보다 고장이 적고 수명이 길다.

② 그러나 과도하게 사용하거나 사용법을 잘 모르고 사용하면 고장이 발생할 수 있기 때문에 정기 또는 수시로 작업 전에 점검과 보수가 필요하다.

고장 현상	외부 및 내부 고장 원인	보수 및 정비 방법
아크가 발생되지 않을 때	• 배전반의 전원 스위치 및 용접기 전원 스위치가 'OFF'되었을 때 • 용접기 및 작업대 접속 부분에 케이블 접속이 안 되어 있을 때 • 코일의 연결 단자 부분이 단선되었을 때 • 철심 부분이 쇼트(단락)되었거나 코일이 절단 되었을 때	• 배전반 및 용접기의 전원 스위치의 접촉상태를 점검하고 이상시 수리나 교환한다. • 용접기와 작업대의 케이블 연결부분을 점검, 접속부를 확실하게 고정한다. • 용접기 케이스를 제거하고 내부를 점검수리, 필요시 교환한다. • 용접기의 수리 여부 판단, 내·외주 수리 또는 폐기한다.

아크가 불안정할 때	• 2차 케이블이나 어스선 접속이 불량할 때 • 홀더 연결부나 2차 케이블 단자 연결부의 전선 일부가 소손되었을 때 • 단자 접촉부의 연결 상태나 용접기 내부 스위치의 접촉이 불량할 때	• 2차 케이블이나 어스선 접속을 확실하게 체결한다. • 케이블의 일부를 절단한 후 피복을 제거하고 단자에 다시 연결한다. • 단자 접촉부나 용접기 스위치 접촉부를 줄로 다듬질하여 수리하거나 스위치를 교환한다.
용접기의 발생음이 너무 높을 때	• 용접기 케이스나 고정 철심, 고정용 지지볼트, 너트가 느슨하거나 풀렸을 때 • 용접기 설치 장소가 고르지 못할 때 • 가동 철심, 이동 축지지 볼트, 너트가 풀려 가동 철심이 움직일 때 • 가동 철심과 철심 안내 축 사이가 느슨할 때	• 용접기 케이스나 고정 철심, 고정용 지지볼트, 너트를 확실하게 체결한다. • 용접기 설치 장소를 평평하게 한 후 설치한다. • 철심, 지지용 볼트, 너트를 확실하게 체결한다. • 가동 철심을 빼내어 틈새 조정판을 넣어 틈새를 적게 한다. 그래도 소리가 나면 교환한다.
전류 조절이 안 될 때	• 전류 조절 손잡이와 가동 철심축과의 고정 불량 또는 고착되었을 때 • 가동 철심축 나사 부분이 불량할 때 • 가동 철심축 지지가 불량할 때	• 전류 조절 손잡이를 수리 또는 교환하거나 철심축에 그리스를 발라준다. • 철심축을 교환한다. • 철심축의 고정 상태 점검, 수리 또는 교환한다.
용접기 및 홀더와 케이블에 과열현상이 있을 때	• 허용 사용률 이상 과대하게 사용하였을 때 • 철심과 코일 사이에 먼지 등의 이물질이 있을 때 • 1, 2차 케이블의 연결 상태가 느슨하거나 케이블 용량이 부족할 때	• 허용 사용률 이하로 사용하고 과열시 전원을 끄고 쉬거나 또는 필요시 정지한다. • 용접기 케이스를 분리하고 압축공기를 사용하여 이물질을 제거한다. • 케이블 연결 상태를 확실히 고정하거나 용량부족 케이블은 교환한다.
사용 중 전류가 점차 감소 또는 증가하는 현상이 발생할 때	• 단자 고정 볼트, 너트가 풀렸을 때 • 2차 케이블의 용량이 부족하거나 노후로 열이 발생될 때 • 철심이 노후 되었을 때	• 볼트를 확실히 체결한다. • 케이블을 교환한다. • 철심을 교환한다.

표 2-2 교류 아크 용접기의 고장 진단 및 보수 정비 방법

03 비드쌓기

1 용접조건 설정하기

1 · 용접기의 전원 켜기

① 용접 부스에 설치된 차단기를 ON으로 올리고 용접기의 전원을 ON으로 조정하여 전원을 켠다.

ⓐ 부스에 설치된 차단기 ON으로 조정

ⓑ 용접기의 전원을 ON으로 조정

그림 3-1 용접기의 전원 켜기

2 · 용접봉 홀더에 용접봉 끼우기

용접봉 홀더 물림조는 ⓐ와 같은 형태이며 방향에 따라 각각 90°, 135°, 180°로 조절 가능하다. 자세에 적절한 방향으로 용접봉을 끼워주게 되면 용접을 진행할 경우 손목의 부담이 적어 좀 더 안정적인 자세로 용접이 가능하다. 전류체크 또는 아래보기 자세에서는 90°로 끼워 주는게 적절하며 수평, 수직 또는 위보기 자세에서는 135°로 끼워 주도록 한다. 위보기 자세에서는 180°로 끼워 사용하기도 한다. 이러한 용접봉 물림 각도는 각자 개인의 작업 성향에 따라 다르므로 여러 방법으로 시도해 본 후 자신에게 맞는 자세별 용접봉 물림 각도를 조정하면 된다.

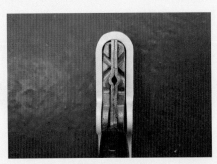

ⓐ 용접봉 홀더 물림조

ⓑ 90° 물림(아래보기)

ⓒ 135° 물림(수평, 수직, 위보기)

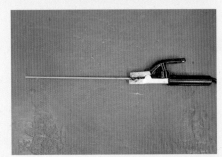

ⓓ 180° 물림(위보기)

그림 3-2 전류계를 이용한 전류 측정

3 · 전류 설정하기

① 용량조절 핸들을 조절하여 전류를 조절한다. 전류 측정은 용접봉을 홀더에 물린 후 통전중인 상태에서 측정해야 한다. 이때, 주의할 점은 용접봉의 통전시간을 30초 이상 넘기지 않도록 한다. 장시간 통전할 경우 용접봉이 빨갛게 달아오르면서 고열이 발생하여 화상 등의 사고로 이어질 수가 있다. 전류 측정은 가급적 빠르고 신속하게 2~3회 측정 한 후 사용한다.

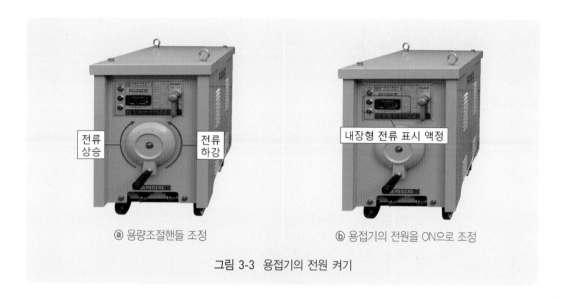

ⓐ 용량조절핸들 조정   ⓑ 용접기의 전원을 ON으로 조정

그림 3-3 용접기의 전원 켜기

② 용접기 본체 전면에 내장된 전류값을 나타내주는 액정이 있는 경우 휴대용 전류계와 큰 차이가 없다
면 사용해 본다.

③ 용접기 본체 전면에 내장된 전류 표시 액정이 없는 경우에는 그림 3-4와 같이 휴대용 전류계(클램프
미터)를 이용하여 전류를 측정하고 전류값을 120A로 설정한다.

ⓐ 통전 상태에서 전류를 측정

ⓑ 휴대용 전류계를 이용한 전류 측정

그림 3-4 전류계를 이용한 전류 측정

2 자세별 비드쌓기

1 · 아래보기 자세 비드쌓기

① 저수소계 용접봉 Ø3.2를 홀더에 물리고 전류 값을 120A로 설정한다. 폐모재 등을 준비하여 지그에 고정하고 그림 3-5와 같이 비드 폭은 10~14mm, 비드 높이는 2.5mm 이내로 형성되도록 한다.

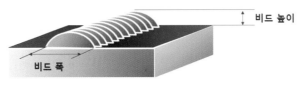

o 비드 폭 : 10~14mm
o 비드 높이 : 2.5mm 이내
o 용접 전류 : Φ 3.2 90~120A

비드 높이

비드 폭

그림 3-5 아래보기 자세 비드쌓기의 비드 폭과 높이

② 저수소계 용접봉은 고산화티탄계 용접봉(E6013, 막봉이라고도 함)에 비해 용접성은 좋으나 아크 발생이 어려워 작업성이 나쁘다는 단점이 있다. 그러므로 처음 아크를 발생하는 연습을 가급적 많은 시간을 투자해야 한다.

아크 발생 후 시작부에서 3mm 간격을 유지한 상태로 3~5초간 머물러 주어 모재를 예열한 후 천천히 모재에 용접봉을 내려놓는다. 아크가 발생하자마자 용접봉을 모재표면에 붙이게 되면 용접봉이 모재에 달라붙게 된다. 그러므로 아크 발생 후 적정 간격을 유지하여 용접 시작부를 충분히 예열하고 용접을 진행한다.

그림 3-6 아래보기 자세 비드쌓기 아크 발생 요령

③ 용접봉의 진행각은 45~60° 또는 85~90°로 하며 작업각은 90°가 되도록 한다. 용접봉의 진행각에 따라 비드 표면 형상이 달라진다.

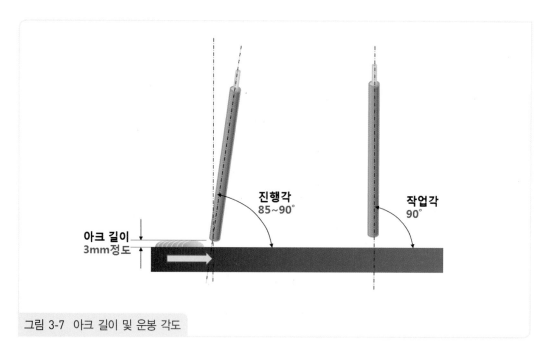

그림 3-7 아크 길이 및 운봉 각도

④ 직선비드가 익숙해지면 좌우로 1~3mm정도 지그재그 형태의 위빙을 하여 비드쌓기 연습을 한다.

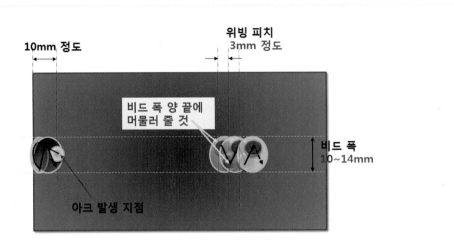

그림 3-8 아크 발생 및 위빙 비드쌓기

⑤ 위빙을 할 때는 비드 폭 양끝에서 머물러 주고 중간 부분은 약간 빠르게 진행한다.

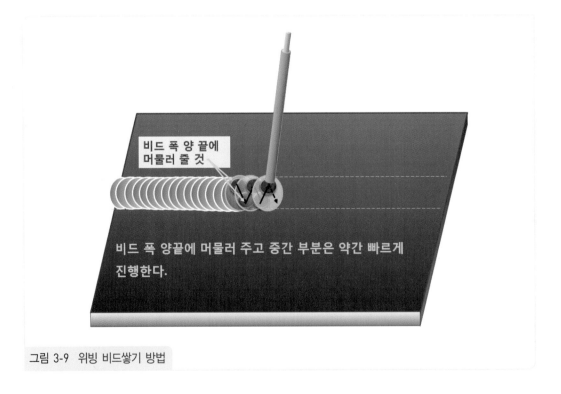

그림 3-9 위빙 비드쌓기 방법

⑥ 첫 번째 용접봉을 다 소모하고 중간에 비드잇기를 하기 위해 직전에 끝난 용접부에 대해 슬래그를 제거하고 와이어 브러쉬로 깨끗이 청소를 한다. 만약 슬래그 제거를 하지 않고 바로 이어갈 경우 슬래그 혼입 등의 결함 발생이 될 수 있으니 반드시 청소를 한 후에 비드 이어가기를 한다. 비드를 이어갈 부분 근처에서 아크를 발생하고 아크 길이를 약간 길게하여 이음부에서 용융풀이 만들어지는 현상을 확인한 후 운봉을 한다.

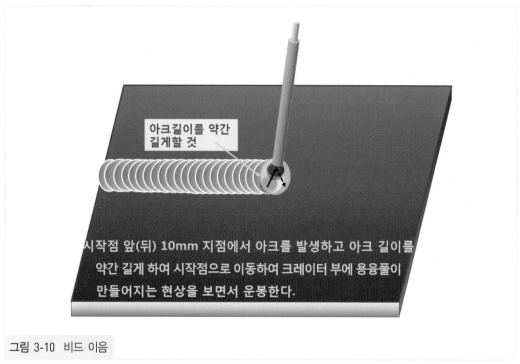

그림 3-10 비드 이음

⑦ 크레이터 처리를 위해 용접 종점부에서 아크를 짧게 한 후 2~3회 재빠르게 돌려 채운 후 용접봉을 들어올려 아크를 끊고 비드쌓기를 끝내도록 한다.

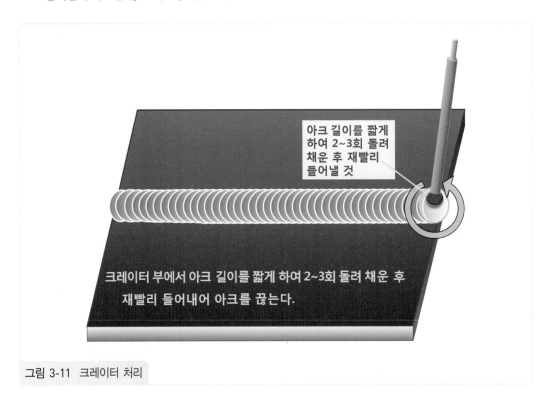

아크 길이를 짧게 하여 2~3회 돌려 채운 후 재빨리 들어낼 것

크레이터 부에서 아크 길이를 짧게 하여 2~3회 돌려 채운 후 재빨리 들어내어 아크를 끊는다.

그림 3-11 크레이터 처리

⑧ 120A의 용접전류가 익숙해 진다면 전류를 10A씩 낮춰보도록 한다. 120A, 110A, 100A, 90A 수준으로 비드쌓기를 계속하여 연습한다. 전류가 낮아질수록 비드 높이는 높아지며 비드 폭은 좁아지게 된다. 또한 아크 발생이 어려우며 비드쌓기를 할 때 좀 더 섬세한 위빙이 요구된다.

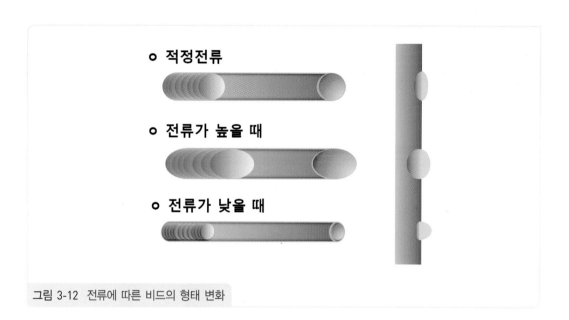

그림 3-12 전류에 따른 비드의 형태 변화

⑨ 용접봉의 진행각도에 따른 비드 형태의 변화를 파악한다. 진행각도가 45～60°일 경우 비드 높이는 높아지고 비드 폭은 좁아지게 된다. 반면에 진행각도가 85～90°일 경우 비드 높이는 낮아지고 비드 폭은 넓어지게 된다. 진행각의 변화에 따른 비드 표면 형상의 형태를 확인 해 본다.

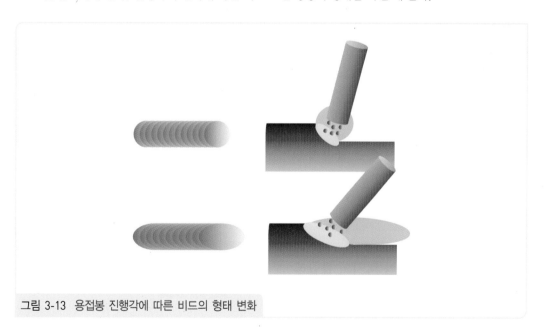

그림 3-13 용접봉 진행각에 따른 비드의 형태 변화

⑩ 아크 길이에 따른 비드의 형태 변화를 파악한다. 피복아크 용접은 아크 길이가 길어질수록 전압이 상승하여 용접봉의 용융속도가 빨라지게 된다. 그림 3-14와 같이 아크 길이가 길어질 경우 용접 중 발생되어지는 피복제의 보호가스가 제 역할을 하지 못해 스패터가 많이 발생되며 비드 폭은 넓어지고 비드 높이는 낮아지게 된다.

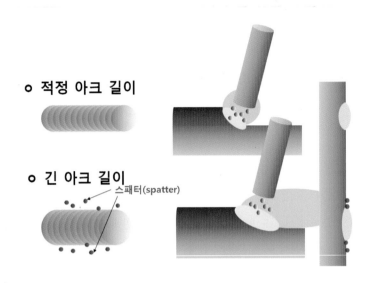

그림 3-14 아크 길이에 따른 비드의 형태 변화

⑪ 용접 위빙 폭과 피치의 간격을 일정하게 유지하여 부드러운 비드 표면을 얻을 수 있도록 반복 연습한다.

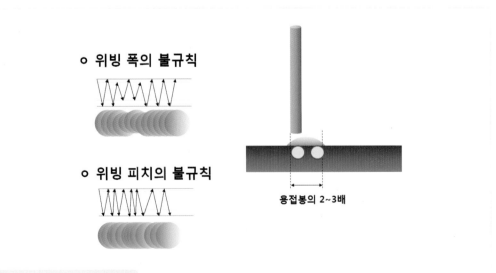

그림 3-15 위빙 폭과 위빙 피치

⑫ 처음 놓은 비드를 1/3 정도 겹쳐서 순차적으로 모재 전체에 비드를 놓고, 완성되면 그 위에 같은 방법으로 비드를 쌓아 올린다. 이때, 각각의 비드를 놓은 후 슬래그 청소를 청결하게 하고 물로 냉각을 시켜 주도록 한다. 실제 작업 현장에서는 물로 냉각을 시키는 경우가 거의 없다. 하지만, 용접연습을 위해서는 비드 한 줄을 쌓을 때마다 물로 냉각을 시켜준다. 물로 냉각을 하지 않고 연속하여 모재에 비드를 쌓아 가열할 경우 아크 발생이 쉬워지므로 초기 조건에서 연습을 한다. 또한 냉각 후 양쪽면을 번갈아 가며 비드 연습을 한다. 용접봉의 운봉 각도, 전류, 아크 길이, 위빙 폭, 위빙 피치에 따른 여러 변수에 따라 비드의 형태를 관찰하며 반복 연습한다.

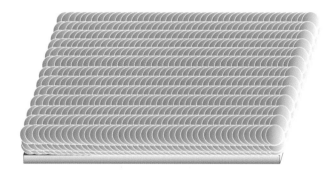

그림 3-16 아래보기 자세 비드쌓기 연습

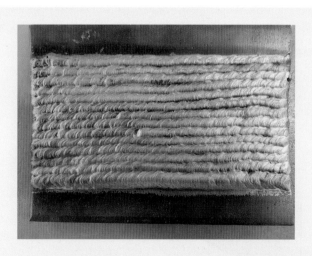

그림 3-17 아래보기 자세 비드쌓기 연습

2 · 수평 자세 비드쌓기

① 저수소계 용접봉 Ø3.2를 홀더에 물리고 전류 값을 120A로 설정한다. 폐모재 등을 준비하여 지그에 고정하고 그림 3-18과 같이 비드 폭은 8~10mm, 비드 높이는 2.5mm 이내로 형성되도록 연습을 한다.

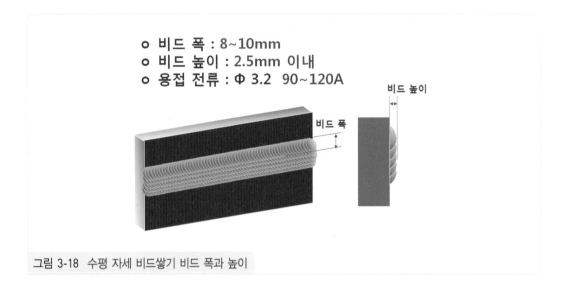

o 비드 폭 : 8~10mm
o 비드 높이 : 2.5mm 이내
o 용접 전류 : Φ 3.2 90~120A

그림 3-18 수평 자세 비드쌓기 비드 폭과 높이

② 아크 발생 후 시작부에서 3mm 간격을 유지한 상태로 3~5초간 머물러 주어 모재를 예열한 후 천천히 모재에 용접봉을 내려놓는다. 아크가 발생하자마자 용접봉을 모재표면에 붙이게 되면 용접봉이 모재에 달라붙게 된다. 그러므로 아크 발생 후 적정 간격을 유지한 체로 용접 시작부를 충분히 예열하여 용접을 진행하도록 한다.

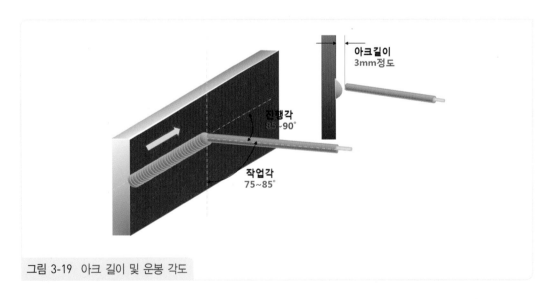

아크길이
3mm정도

진행각
85~90°

작업각
75~85°

그림 3-19 아크 길이 및 운봉 각도

③ 용접봉의 진행각은 45~60° 또는 85~90°로 하며 작업각은 75~85°가 되도록 한다. 용접봉의 진행각에 따라 비드 표면의 형상은 달라진다.

④ 직선비드가 익숙해지면 좌우로 1~3mm정도 지그재그 형태의 위빙을 하여 비드를 쌓아보도록 한다.

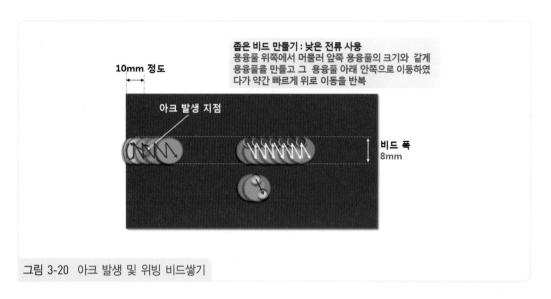

그림 3-20 아크 발생 및 위빙 비드쌓기

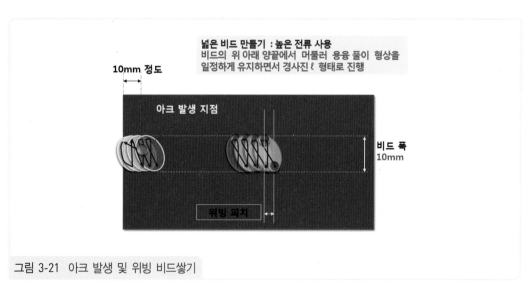

그림 3-21 아크 발생 및 위빙 비드쌓기

⑤ 아크 용접은 위빙을 할 때 비드 폭 양끝에서는 머물러 주고 중간 부분은 약간 빠르게 진행한다.

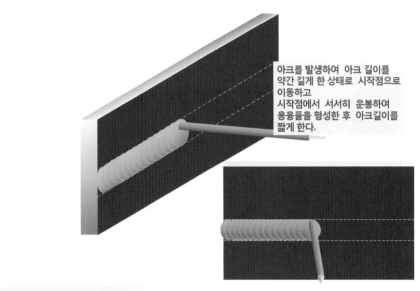

아크를 발생하여 아크 길이를
약간 길게 한 상태로 시작점으로
이동하고
시작점에서 서서히 운봉하여
용융풀을 형성한 후 아크길이를
짧게 한다.

그림 3-22 위빙 비드쌓기 방법

⑥ 첫 번째 용접봉을 다 소모하고 중간에 비드잇기를 하기 위해 직전에 끝난 용접부에 대해 슬래그를 제거 하고 와이어 브러쉬로 깨끗이 청소를 한다. 만약 슬래그 제거를 하지 않고 바로 이어갈 경우 슬래그 혼입 등의 결함 발생이 될 수 있으니 반드시 청소를 한 후에 비드 이어가기를 한다. 비드를 이어갈 부분 근처에서 아크를 발생하고 아크 길이를 약간 길게 하여 이음부에서 용융풀이 만들어지는 현상을 확인 한 후 운봉을 한다.

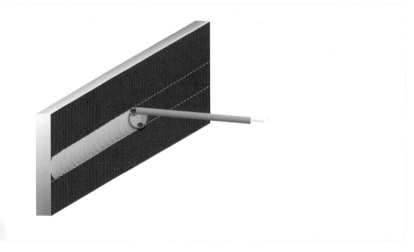

그림 3-23 비드 이음

⑦ 크레이터 처리를 위해 용접 종점부에서 아크를 짧게 한 후 2~3회 재빠르게 돌려 채운 후 용접봉을 들어 올려 아크를 끊고 비드쌓기를 끝내도록 한다.

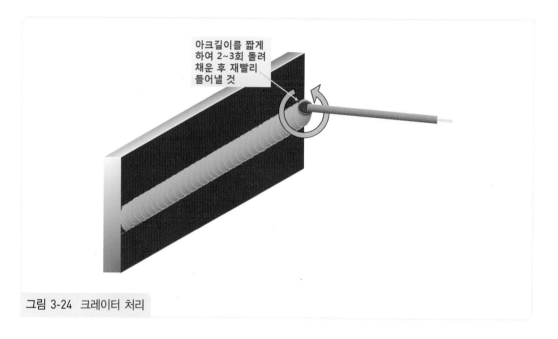

아크길이를 짧게
하여 2~3회 돌려
채운 후 재빨리
들어낼 것

그림 3-24 크레이터 처리

⑧ 120A의 용접전류가 익숙해진다면 전류를 10A씩 낮춰보도록 한다. 120A, 110A, 100A, 90A 수준으로 비드쌓기를 계속하여 연습하도록 한다. 전류가 낮아질수록 비드 높이는 높아지며 비드 폭 또한 좁아지게 된다. 또한 아크 발생이 어려우며 비드쌓기를 할 때 조금 더 섬세한 운동이 요구된다.

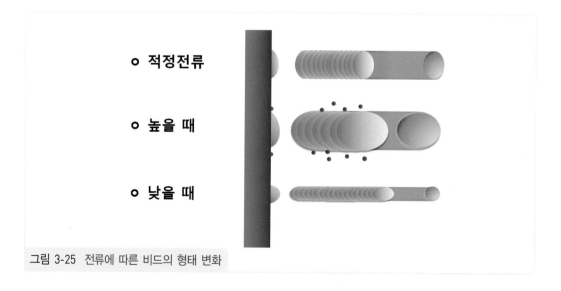

○ 적정전류

○ 높을 때

○ 낮을 때

그림 3-25 전류에 따른 비드의 형태 변화

⑨ 용접봉의 진행각도에 따른 비드 형태의 변화를 파악한다. 진행각도가 45~60°일 경우 비드 높이는 높아지고 비드 폭은 좁아지게 된다. 반면에 진행각도가 85~90°일 경우 비드 높이는 낮아지고 비드 폭은 넓어지게 된다. 진행각의 변화에 따른 비드 표면 형상의 변화를 확인해 보도록 한다.

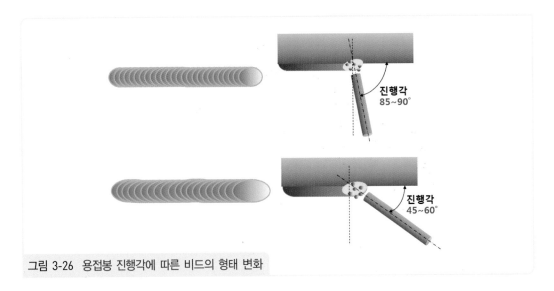

그림 3-26 용접봉 진행각에 따른 비드의 형태 변화

⑩ 아크 길이에 따른 비드 형태변화를 파악한다. 용접 이론상 정전류 특성에 따라 아크 길이가 길어질수록 전압은 상승하여 용접봉의 용융속도가 빨라지게 된다. 그림 3-27과 같이 아크 길이가 길어질 경우 용접 중 발생되어지는 피복제의 보호가스가 제 역할을 하지 못해 스패터가 많이 발생되며 비드 폭은 넓어지고 높이는 낮아지게 된다.

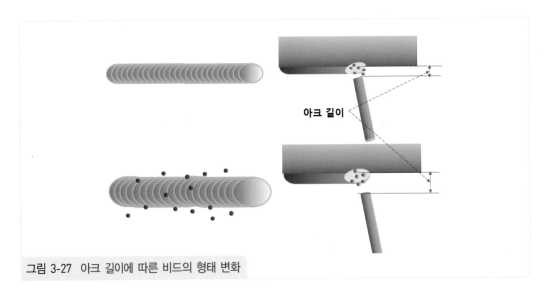

그림 3-27 아크 길이에 따른 비드의 형태 변화

⑪ 용접 위빙 폭과 피치의 간격을 일정하게 유지하여 부드러운 비드 표면을 얻을 수 있도록 반복 연습한다.

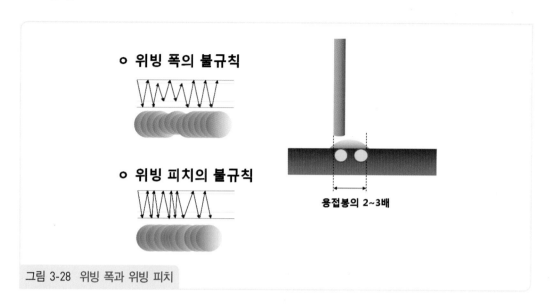

그림 3-28 위빙 폭과 위빙 피치

⑫ 처음 놓은 비드를 1/3 정도 겹쳐서 순차적으로 모재 전체에 비드를 놓고, 완성되면 그 위에 같은 방법으로 비드를 쌓아 올린다. 이때, 각각의 비드를 놓은 후 슬래그 청소를 청결하게 하고 물로 냉각 시킨다. 실제 작업 현장에서는 물로 냉각을 시키는 경우가 없다. 하지만, 용접연습을 위해서는 비드 한 줄을 쌓을 때마다 물로 냉각을 시켜준다. 물로 냉각을 하지 않고 연속하여 모재에 비드를 쌓아 가열할 경우 아크 발생이 쉬워지므로 초기 조건에서 연습을 하도록 한다. 또한 냉각 후 양쪽 면을 번갈아 가며 비드 연습을 한다. 용접봉의 운봉 각도, 전류, 아크 길이, 위빙 폭, 위빙 피치에 따른 여러 변수에 따라 비드의 형태를 관찰하며 반복 연습한다.

그림 3-29 수평 자세 비드쌓기 연습

3 · 수직 자세 비드쌓기

① 저수소계 용접봉 Ø3.2를 홀더에 물리고 전류 값을 120A로 설정한다. 폐모재 등을 준비하여 지그에 고정하고 그림 3-30과 같이 비드 폭은 10~14mm, 비드 높이는 2.5mm 이내로 형성되도록 연습을 한다.

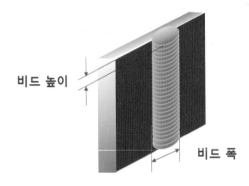

o 비드 폭 : 10~14mm
o 비드 높이 : 2.5mm 이내
o 용접 전류 : Φ 3.2 90~120A

그림 3-30 수직 자세 비드쌓기 비드 폭과 높이

② 아크 발생 후 시작부에서 3mm 간격을 유지한 상태로 3~5초간 머물러 주어 모재를 예열한 후 천천히 모재에 용접봉을 내려놓는다. 아크가 발생하자마자 용접봉을 모재표면에 붙이게 되면 용접봉이 모재에 달라붙게 된다. 그러므로 아크 발생 후 적정 간격을 유지하며 용접 시작부를 충분히 예열하여 용접을 진행하도록 한다.

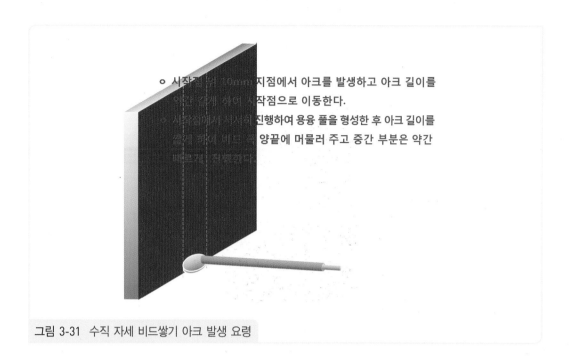

- 시작점 위 10mm 지점에서 아크를 발생하고 아크 길이를 약간 길게 하여 시작점으로 이동한다.
- 시작점에서 서서히 진행하여 용융 풀을 형성한 후 아크 길이를 짧게 하여 비드 폭 양끝에 머물러 주고 중간 부분은 약간 빠르게 진행한다.

그림 3-31 수직 자세 비드쌓기 아크 발생 요령

③ 용접봉의 진행각은 85~90°로 하며 작업각은 90°가 되도록 한다. 용접봉의 진행각에 따라 비드 표면의 형상은 달라진다.

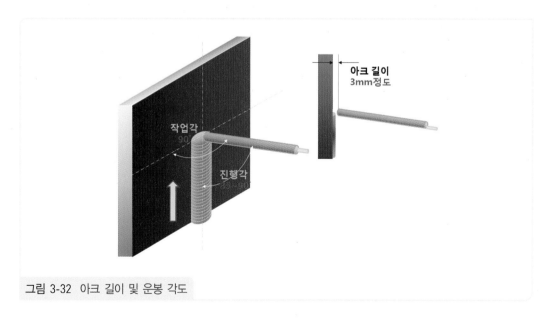

그림 3-32 아크 길이 및 운봉 각도

④ 직선비드가 익숙해지면 좌우로 1~3mm정도 지그재그 형태의 위빙을 하여 비드를 쌓아보도록 한다.

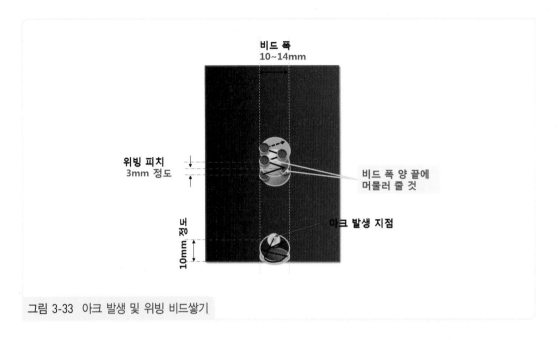

그림 3-33 아크 발생 및 위빙 비드쌓기

⑤ 아크 용접은 위빙을 할 때 비드 폭 양끝에서는 머물러 주고 중간 부분은 약간 빠르게 진행한다.

⑥ 첫 번째 용접봉을 다 소모하고 중간에 비드잇기를 하려고 직전에 끝난 용접부에 대해 슬래그를 제거하고 와이어 브러쉬로 깨끗이 청소를 한다. 만약 슬래그 제거를 하지 않고 바로 이어갈 경우 슬래그 혼입 등의 결함 발생이 될 수 있으니 반드시 청소를 한 후에 비드 이어가기를 한다. 비드를 이어갈 부분 근처에서 아크를 발생하고 아크 길이를 약간 길게 하여 이음부에서 용융풀이 만들어지는 현상을 확인한 후 운봉을 한다.

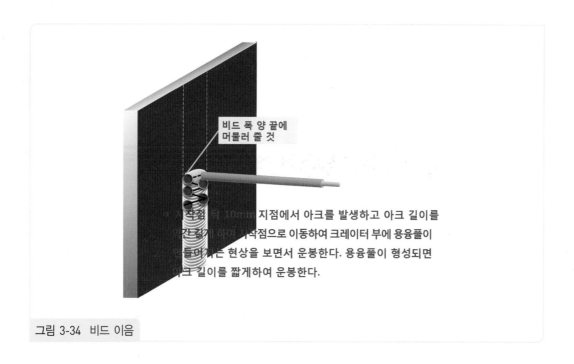

비드 폭 양 끝에
머물러 줄 것

ㅇ 시작점 뒤 10mm 지점에서 아크를 발생하고 아크 길이를
약간 길게 하여 시작점으로 이동하여 크레이터 부에 용융풀이
만들어가는 현상을 보면서 운봉한다. 용융풀이 형성되면
아크 길이를 짧게하여 운봉한다.

그림 3-34 비드 이음

⑦ 크레이터 처리를 위해 용접 종점부에서 아크를 짧게 한 후 2~3회 재빠르게 돌려 채운 후 용접봉을
들어 올려 아크를 끊고 비드쌓기를 끝내도록 한다.

ㅇ 비드 양쪽 끝에서 머물러 주고 가운데 부분은 빠르게
지나면서 크레이터 부에 용융풀이 채워지는 현상을 보면서
운봉한다.

그림 3-35 크레이터 처리

⑧ 120A의 용접전류가 익숙해 진다면 전류를 10A씩 낮춰보도록 한다. 120A, 110A, 100A, 90A 수준으로 비드쌓기를 계속하여 연습하도록 한다. 전류가 낮아질수록 비드 높이는 높아지며 비드 폭 또한 좁아지게 된다. 또한 아크 발생이 어려우며 비드쌓기를 할 때 조금 더 섬세한 운봉이 요구된다.

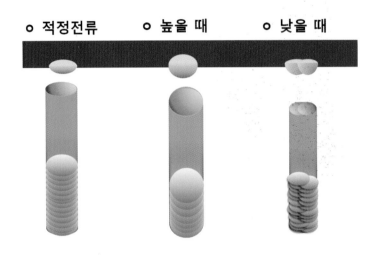

그림 3-36 전류에 따른 비드의 형태 변화

⑨ 용접봉의 진행각도에 따른 비드 형태의 변화를 파악한다. 진행각도가 45~60°일 경우 비드 높이는 높아지고 비드 폭은 좁아지게 된다. 반면에 진행각도가 85~90°일 경우 비드 높이는 낮아지고 비드 폭은 넓어지게 된다. 진행각의 변화에 따른 비드 표면 형상의 변화를 확인해 보도록 한다.

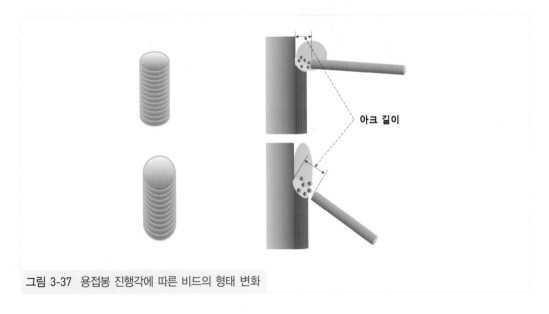

그림 3-37 용접봉 진행각에 따른 비드의 형태 변화

⑩ 아크 길이에 따른 비드 형태 변화를 파악한다. 용접 정전류 특성에 따라 아크 길이가 길어질수록 전압은 상승하여 용접봉의 용융속도가 빨라지게 된다. 그림 3-38과 같이 아크 길이가 길어질 경우 용접 중 발생되어지는 피복제의 보호가스가 제 역할을 하지 못해 스패터가 많이 발생되며 비드 폭은 넓어지고 높이는 낮아지게 된다.

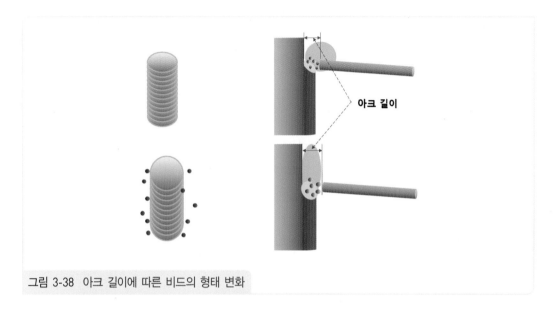

그림 3-38 아크 길이에 따른 비드의 형태 변화

⑪ 용접 위빙 폭과 피치의 간격을 일정하게 유지하여 부드러운 비드 표면을 얻을 수 있도록 반복 연습한다.

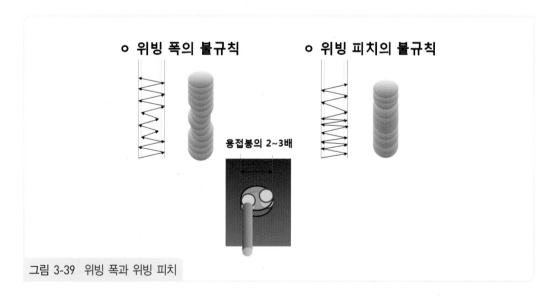

그림 3-39 위빙 폭과 위빙 피치

⑫ 처음 놓은 비드를 1/3 정도 겹쳐서 순차적으로 모재 전체에 비드를 놓고, 완성되면 그 위에 같은 방법
으로 비드를 쌓아 올린다. 이때, 각각의 비드를 놓은 후 슬래그 청소를 청결하게 하고 물로 냉각을 시
켜 주도록 한다. 실제 작업 현장에서는 물로 냉각을 시키는 경우가 거의 없다. 하지만, 용접연습을 위
해서는 비드 한줄을 쌓을 때마다 물로 냉각을 시켜준다. 물로 냉각을 하지 않고 연속하여 모재에 비드
를 쌓아 가열할 경우 아크 발생이 쉬워지므로 초기에 연습을 하도록 한다. 또한 냉각 후 양쪽면을 번
갈아 가며 비드 연습을 한다. 용접봉의 운봉 각도, 전류, 아크 길이, 위빙 폭, 위빙 피치에 따른 여러
변수에 따라 비드의 형태를 관찰하며 반복 연습한다.

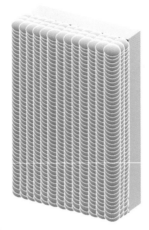

그림 3-40 수직 자세 비드쌓기 연습

04 가용접하기

1 도면 해독

1 · 도면 파악하기

용접산업기사 실기 시험에서 맞대기 용접은 t6×150×100mm 연강판을 자세별로 아래보기 자세(F), 수평 자세(H), 수직 자세(V), 위보기 자세(O)까지 4가지 자세 중 한 가지 자세가 출제된다. 가용접 방법은 자세와 상관없이 모재를 작업대 바닥에 놓고 가용접하며 가용접 조건은 자세별로 같게 한다.

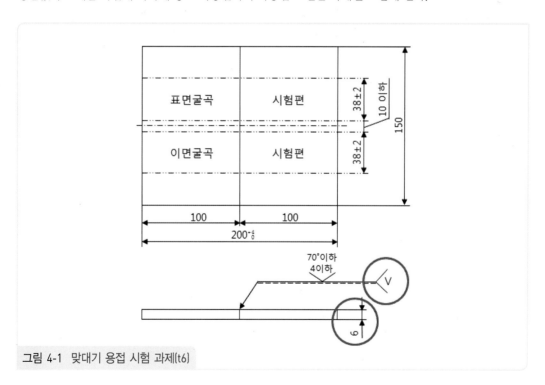

그림 4-1 맞대기 용접 시험 과제(t6)

2 가용접하기

① 개선면(30~35°)과 루트면(1.5~2.0mm)을 가공한 t6 연습 모재 및 시험 모재를 준비한다.

② 용접전류를 115~120A로 설정한다. 가용접 전류를 너무 낮게 할 경우 아크 발생이 어려우며 전류가 120A 이상일 경우 아크 발생은 조금 더 수월하지만 전류가 너무 높아 구멍 또는 용락 등이 발생할 수 있다.

③ 정확한 가용접을 위해서 자석을 준비한다.

④ 시점과 종점부에 아래 그림과 같이 Ø3.2 용접봉의 심선부위를 루트면 사이에 꽉 끼도록 고정한다.

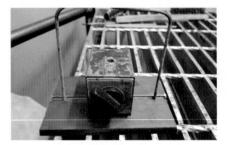

ⓐ 시점과 종점부에 용접봉을 고정   ⓑ Ø3.2 용접봉을 이용한 루트 간격 조절

그림 4-2 루트 간격 조정

⑤ 자석은 계속 ON 상태를 유지하고 용접봉을 제거한다.

ⓐ 루트 간격 확인   ⓑ 용접봉 제거

그림 4-3 루트 간격 확인 및 용접봉 제거

⑥ 그림 4-4와 같이 가용접 부분 아래에서 대기하여 용접봉을 위로 긁어주면서 아크를 발생하도록 한다.

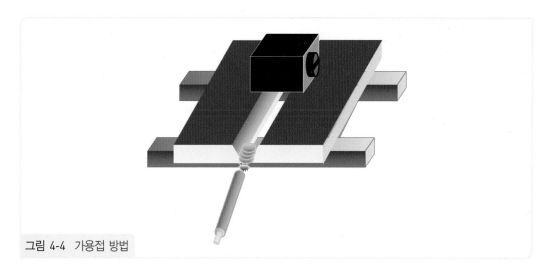

그림 4-4 가용접 방법

⑦ 그림 4-5와 같이 왼손을 모재 또는 작업대에 올려 고정한 상태로 오른손으로 용접봉을 좌우로 빠르게 이동하면서 약 10mm으로 가용접 한다.

ⓐ 가용접 준비

ⓑ 아크 발생 및 가용접

그림 4-5 루트 간격(3.2mm)

⑧ 한쪽 방향에 대해 가용접이 끝나고 반대쪽에도 가용접을 한다. 반대쪽에 가용접을 하기 전 다시 한번 Ø3.2 용접봉 심선부분을 이용하여 루트 간격을 체크하여 3.2mm로 조절 한다. 한쪽 가용접이 끝난 후 가용접부에 대한 열수축이 발생하면서 반대쪽 루트 간격에 영향을 조절한다. 반드시 반대쪽 가용접을 하기 전 루트 간격을 반드시 확인하도록 한다. 이때 자석은 계속 ON 상태를 유지한다.

ⓐ 한쪽면 가용접 완료

ⓑ 반대쪽 루트 간격조절

그림 4-6 양방향 가용접

⑨ 연습모재의 경우 그림 4-7 ⓐ와 같이 바로 용접연습을 할 부분만 양쪽면에 가용접을 하고 나머지 부분에 대해서는 한쪽 부분만 가용접을 하도록 한다. 용접 열 수축에 따른 변형이 발생하여 루트 간격이 벌어지기 때문에 가용접을 나중에 진행하도록 한다.

ⓐ 가용접 후 용접부 표면 청소

ⓑ 가용접 후 용접부 이면 청소

그림 4-7 가용접 후 용접부 청소

ⓐ 가용접완료_연습모재

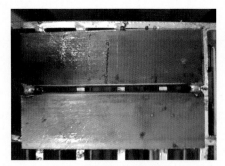
ⓑ 가용접완료_시험모재

그림 4-8 가용접 완료

05 맞대기 용접

1 아래보기 자세 맞대기 용접하기

1 · 아래보기 자세 1차 용접하기

① 피복아크 용접 아래보기 자세 V형 맞대기이음에서 일반적으로 t6의 경우 Ø3.2 용접봉 4개를 사용하여 2층(pass)으로 진행한다. 아래보기 자세의 경우, 한 층당 2개의 용접봉을 사용하도록 하며 용접 외관평가 후 굽힘시험에서 평가 제외 구간인 중간지점에서 첫 번째 용접봉을 끊고 두 번째 용접봉을 연결해 가는 부분이 중요하다.

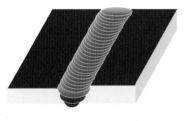

아래보기 V형 맞대기 용접
- 용접전류 : 1차 90~93A
  2차 120A

- 루트간격 : 3.2mm
- 루트면 : 1.5~2.0mm
- 용접봉 각도 : 작업각 90°
  진행각 75~85°

그림 5-1 모재 두께에 따른 아래보기 자세 V형 맞대기 이음 진행 방법

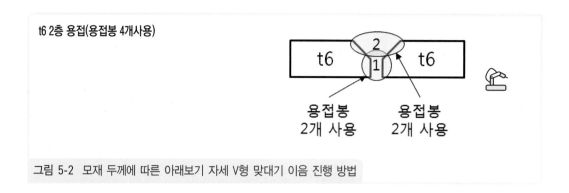

t6 2층 용접(용접봉 4개사용)

용접봉
2개 사용

용접봉
2개 사용

그림 5-2 모재 두께에 따른 아래보기 자세 V형 맞대기 이음 진행 방법

② 가용접된 연습모재를 지그에 고정한다. 이때, 정확한 용접 자세를 위하여 아래보기 자세의 경우 모재의 높이는 앉았을 때 허벅지와 배꼽 사이 높이로 조절을 하며 엉덩이를 뒤로 빼서 허리를 최대한 숙이고 용접부와 자신의 눈과 거리를 30cm 이내로 한다. 대부분 입문자들의 경우 허리를 펴고 하는 경우 용융지를 제대로 보지 못한 체 진행을 하게 되어 정확한 용접을 할 수 없다.

그림 5-3 아래보기 자세 시험편 고정

③ 용접전류를 90~93A로 설정한다. 1차 이면비드 용접 전류는 90A 이하로 하게 될 경우 이면비드 용착 불량 및 용입부족 현상이 발생할 수 있고 아크 발생이 어렵게 된다. 반대로, 전류를 93A 이상 사용하게 될 경우 아크 발생은 쉬워지나 용융속도가 빨라져 운봉속도를 조절하기 어려워진다. 그러므로 90~93A의 전류를 사용하여 1차 이면비드 용접을 연습한다.

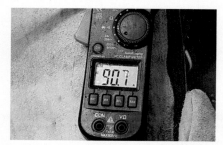 

ⓐ 1차 이면비드 용접 전류(91A)   ⓑ 가접부 끝단 대기

그림 5-4 아래보기 1차 이면비드 용접 전류 설정 및 대기 상태

ⓐ 1차 이면비드 용접 진행각 70〜80°   ⓑ 1차 이면비드 용접 작업각 90°

그림 5-5 아래보기 자세 운봉각

④ 오른손잡이의 경우 좌측 가용접부 끝단에 피복제가 걸치도록 대기 상태에서 성냥을 키듯이 긁기법을
   이용하여 아크를 발생하고 가용접부 내측 부분에서 3초 이상 3mm의 간격을 유지한 상태로 용접 시
   작부를 예열 한 다음 천천히 개선 홈 안쪽에 키홀을 만들면서 용접봉을 최대한 개선홈 안쪽으로 집
   어넣도록 한다.

⑤ 1차 이면비드 용접 시 진행각은 70〜80°로 하며 작업각은 진행하는 방향에 대해 90°가 되도록 유지
   한다.

그림 5-6 1차 이면비드 용접 방법

⑥ 용접봉 1개를 다 쓰면 용접부 중간지점에서 멈추도록 한다. 용접을 입문하는 사람들에게 Ø3.2 × 350mm 용접봉을 사용하여 1차 이면비드를 처음부터 끝까지 한 번에 가기란 쉽지 않다. 그러므로 모재준비 단계에서 모재 센터부(75mm)에 줄가공을 통한 노치홈을 주어 굽힘시험에 포함되지 않는 가운데 (10mm)구간에서 정확히 끊어주도록 한다.

ⓐ 1차 이면비드 용접 첫 번째 용접봉

ⓑ 1차 이면비드 용접 표면

그림 5-7 t6 아래보기 1차 이면비드 용접 첫 번째 용접봉

⑦ 용접봉 1개를 쓰고 두 번째 용접봉을 이용하여 이면비드를 끊기지 않고 부드럽게 이어가는 방법을 연습한다. 첫 번째 용접봉의 비드 끝단 지점으로부터 두 번째 용접봉은 약 10mm 이전 구간에서 용융지를 형성하여 용접을 진행하도록 한다. 그러면 이면비드가 최대한 끊기지 않고 부드럽게 이어 나갈수 있다.

ⓐ 두 번째 용접봉 용융지 시작점

ⓑ 두 번째 용접봉 10mm 겹쳐 쌓기

그림 5-8 1차 이면비드 10mm 겹쳐 쌓기 방법

ⓐ 1차 이면비드 완료

ⓑ 슬래그 제거

그림 5-9 t6 1차 이면비드용접 후 슬래그 제거

ⓐ 용접부 표면　　　　　　　　　ⓑ 용접부 이면(용접봉 2개사용)

그림 5-10　t6 1차 이면비드 용접부

2 · 아래보기 자세 2차 용접하기

① t6의 경우 2차 표면용접을 진행한다. 용접봉을 좌·우로 1~2mm 간격으로 양측 끝에서 머물러 주면서 위빙을 하도록 한다. 이때 용융지는 개선면 시작부 모서리가 1~2mm 덮여지는 것을 육안으로 확인하면서 운봉속도를 조절한다. t6의 용접봉을 좌·우로 1~2mm 위빙하고 모재 표면보다 1mm 낮게 용착금속을 채워주도록 한다. 용접봉 2개를 사용하기 때문에 중간지점에서 끊어주고 이어간다.

② 이면비드 용접을 완료한 후에 전류를 120A로 설정한다. 1차 이면비드 용접과 마찬가지로 진행각을 70~80°로 한다.

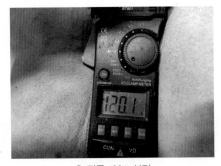 

ⓐ 전류 120A 설정　　　　　　　　ⓑ 2차 표면비드 용접 아래보기 자세

그림 5-11　t6 2차 표면비드 용접

ⓐ 첫 번째 용접봉

ⓑ 두 번째 용접봉

그림 5-12 t6 2차 표면비드 용접

③ 2차 표면비드 용접 완료 후에 용접부 표면에 슬래그와 스패터를 제거한다.

ⓐ 용접부 청소

ⓑ 스패터 제거

그림 5-13 용접완료 후 슬래그 및 스패터 제거

④ 시험모재와는 달리 연습모재의 경우 연속적인 용접연습을 위해 물에 냉각을 충분히 시켜준 후 용접
연습을 이어 나가도록 한다.

ⓐ t6 2차 표면비드 용접 완료_시험모재

ⓑ 용접완료 후 냉각_연습모재

그림 5-14 t6 2차 표면비드 용접 완료 및 냉각

2 수평 자세 맞대기 용접하기

1 · 수평 자세 1차 용접하기

① 피복아크 용접 수평 자세 V형 맞대기이음에서 t6의 경우 Ø3.2 용접봉 4개를 사용하여 2층(pass)으로 진행하는 것이 가장 일반적인 방법이다. 1차 이면비드 용접의 경우 2개의 용접봉을 사용하도록 하며 중간층 및 표면 용접의 경우 용접봉 1개로 150mm를 직선비드로 한 번에 용접한다. 용접 외관평가 후 굽힘시험에서 평가 제외구간인 중간부분(10mm)에서 첫 번째 용접봉을 끊고 두 번째 용접봉을 연결하는 과정이 가장 중요한 요소이다.

수평 V형 맞대기 용접

- 용접전류 : 1차 90~93A
          2차 120A
          3차 120A
- 루트간격 : 3.2mm
- 루트면 : 1.5~2.0mm
- 용접봉 각도 : 작업각 70~80°
            진행각 70~80°

그림 5-15 수평 자세 V형 맞대기 용접

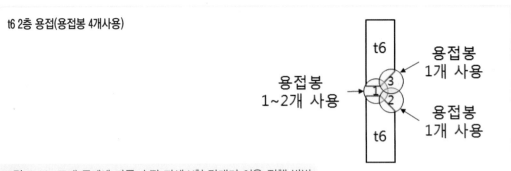

그림 5-16 모재 두께에 따른 수평 자세 V형 맞대기 이음 진행 방법

② 연습모재의 경우 가용접 전에 모재간의 단차(높낮이 차이)와 루트 간격을 재확인 하도록 한다. 특히, 시험모재가 아닌 연습모재를 연결하여 사용할 경우 매 용접 때마다 열수축에 따른 연습모재가 변형이 일어나기 때문에 한 구간마다 용접이 끝나고 물에 충분한 냉각을 시킨 뒤에 가용접을 하기 전 단차 및 루트 간격을 반드시 재확인 하도록 한다. 루트 간격은 자세와 상관 없이 모두 3.2mm(용접봉이 루트면에 꽉 끼는 수준)로 조정한다.

ⓐ 연습모재 단차 확인

ⓑ 루트 간격 재확인 및 가용접 실시

그림 5-17 연습모재 단차 및 루트 간격 확인

③ 가용접된 연습모재를 지그에 고정한다. 이때, 정확한 용접 자세를 위하여 수평 자세의 경우 모재의
높이는 의자에 앉았을 때 자신의 눈높이로 조절을 하며 위·아래 모재의 루트면이 다 보일 수 있도록
하며 용접부와 자신의 눈과 거리는 30cm 이내로 한다. 모재를 너무 낮게 고정할 경우 위·아래 모재
의 루트면에 용융지를 정확히 볼 수가 없다. 용접 자세가 안정되어야 일관성 있는 비드 폭과 비드피
치를 만들 수 있다.

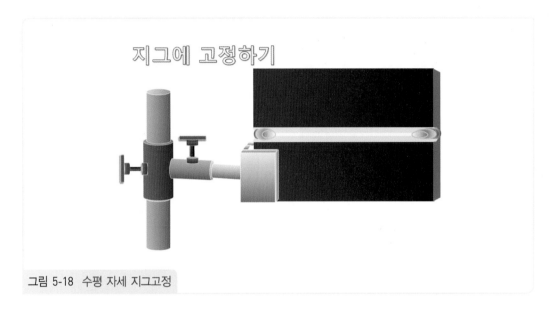

그림 5-18 수평 자세 지그고정

④ 용접전류를 90~93A로 설정한다. 어떤 자세든 간에 1차 이면비드 용접 전류는 90~93A로 설정하도
록 한다. 기존의 용접관련 기술 서적에는 자세별 용접 전류를 다르게 조절하였다. 그러나 5A 미만의
용접전류 차이는 극히 미세하며 장비 또는 용접 시설 및 환경에 따라 전류는 언제든 변경 될 수가 있
다. 전류의 높고 낮음과 상관없이 용접부의 용융속도에 따라 용접봉 진행각, 작업각 및 용접봉의 아크
길이를 다르게 하며, 연습을 반복하도록 한다.

⑤ 그림 5-19와 같이 오른손잡이의 경우 좌측 가용접부 끝단에 피복제를 걸친 상태로 대기하였다가 성냥을 키듯이 긁기법을 이용하여 아크를 발생하고 가용접부 내측 지점에서 약 3mm의 아크 길이 간격을 유지한 체로 3초 이상 위·아래로 예열을 한다. 위와 아래모재 간에 용융풀이 연결이 되었을 때 천천히 용접부 개선 홈 안쪽에 용접봉을 최대한 집어넣도록 한다. 이때 왼손은 지그 또는 모재에 살짝 기대어 용접봉을 안정적으로 받쳐주도록 하며 오른손은 일정한 속도로 용접봉을 밀어 넣도록 한다.

ⓐ 용접 자세   ⓑ 용접 운봉 각도

그림 5-19 수평 1차 이면비드 용접 자세 및 운봉 각도

⑥ 그림 5-20과 같이 첫 번째 용접봉을 사용하여 이면비드 용접을 진행한다. 첫 번째 용접봉 1개를 다 쓰면 용접부 중간지점(노치 표시 구간)에서 멈추도록 한다. Ø3.2×350mm 용접봉을 사용하여 1차 이면비드를 처음부터 끝까지 한 번에 용접하기란 쉽지가 않다. 또한 이면비드가 충분히 생성되지 않을 경우 용착불량 및 용입부족에 따른 굽힘시험에서 결함발생 및 부러질 우려가 있다. 그러므로 용접 입문자들의 경우 모재준비 단계에서부터 모재 중심부(75mm 지점)에 줄 가공을 통한 노치홈을 주어 굽힘시험에 포함되지 않는 가운데 지점(10mm)에서 정확히 끊어 주고 비드를 잇는 연습을 반복하도록 한다.

1차 용접(이면비드)

그림 5-20 수평 1차 이면비드 용접 첫 번째 용접봉

⑦ 그림 5-21과 같이 아크 발생 후 용접봉을 개선홈 안쪽에 최대한 집어넣은 상태로 위·아래로 용접봉
  의 각도만 조금씩 움직여주면서 루트면을 용융시켜 운봉을 진행한다.

ⓐ 아크 길이

ⓑ 용접봉 1개를 사용한 이면비드 용접

그림 5-21 수평 1차 이면비드 용접 아크 길이 및 이면비드 용접

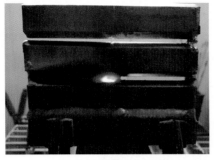
ⓐ 용접부 표면

ⓑ 용접부 이면

그림 5-22 1차 이면비드 용접 첫 번째 용접봉

⑧ 첫 번째 용접봉을 용접부 중간지점에서 멈추고 두 번째 용접봉을 10mm 겹쳐 쌓기를 한다. 첫 번째 용접봉의 비드 끝단으로 부터 약 10mm 이전 구간에서 두 번째 용접봉을 아크 발생 후 용융지를 형성하여 첫 번째와 두 번째 용접봉의 비드를 약 10mm 정도 겹쳐쌓도록 한다. 겹쳐 쌓기를 하면 비용입 구간을 최소화 할 수 있고 슬래그 혼입, 기공 등의 결함을 감소시킬 수 있다.

ⓐ 두 번째 용접봉 시작점

ⓑ 1차 이면비드 10mm 겹쳐 쌓기

그림 5-23 1차 이면비드 겹쳐 쌓기

ⓐ 용접부 표면

ⓑ 용접부 이면

그림 5-24 t6 1차 이면비드 용접 완료_연습모재

⑨ 1차 이면비드 용접을 완료한 후에 용접부 표면과 이면의 슬래그와 스패터를 제거한다.

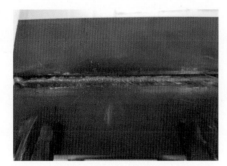
ⓐ t6 1차 이면비드 용접 표면

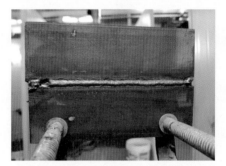
ⓑ t6 용접봉 1개를 사용한 용접부 이면

그림 5-25 t6 1차 이면비드 용접 완료

2 · 수평 자세 2차 용접하기

① t6의 경우 2차 표면 용접을 위해 전류는 120A로 설정한다. 용접봉 진행각과 작업각은 각각 70~80°를 유지하도록 한다. 실기 시험 규정에 따라 모재 두께의 50%이상 비드의 높이가 높아질 경우 오작 처리될 수 있기 때문에 비드 높이가 너무 높아지지 않도록 주의하며 용접속도를 조절한다.

② 2차 표면, 중간층 용접은 첫 층과 두 번째 층으로 각각 용접봉 한 개로 150mm구간을 위빙 없이 직선비드로 한 번에 용접하게 된다. 중력에 의해 용융지는 항상 위에서 아래로 흘러내리기 때문에 위빙을할 경우 비드가 아래쪽으로 쏠림현상이 발생할 수도 있다. 수평 자세 용접에서는 가급적 위빙을 하지

않고 직선비드로 용접하며 용접봉의 진행각과 작업각에 대해 특별한 주의를 하며 연습한다.

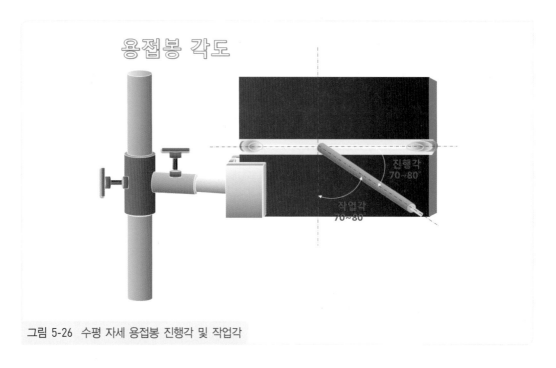

그림 5-26 수평 자세 용접봉 진행각 및 작업각

③ t6 모재의 경우 아래 그림과 같이 첫 번째 층 비드의 50% 정도를 남기고 그 위를 겹쳐 덮어 주면서 위
  빙을 하지 않고 직선 운봉한다.

ⓐ 용접봉 위치

ⓑ 용접 완료

그림 5-27 t6 2차 표면비드 두 번째 층 용접 완료

④ 2차 중간층 용접이 완료된 후 슬래그 해머 등으로 스패터 및 슬래그를 제거해 주고 와이어 브러쉬로 비드 표면과 이면을 깨끗이 청소해 준다.

ⓐ 정면

ⓑ 측면

그림 5-28 t6 표면비드 두 번째 층 용접 완료

ⓐ 정면

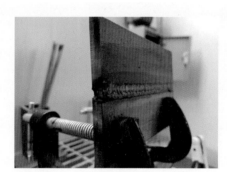
ⓑ 측면

그림 5-29 2차 중간층 비드 두 번째 층 용접 완료

3 · 수평 자세 3차 용접하기

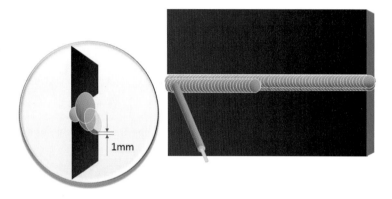

그림 5-30 모재 두께에 따른 아래보기 자세 V형 맞대기 이음 진행 방법

3 수직 자세 맞대기 용접하기

1 · 수직 자세 1차 용접하기

① 피복아크 용접 수직 자세 V형 맞대기이음은 아래보기 자세와 마찬가지로 t6의 경우 Ø3.2 용접봉 4개
를 사용하여 2층(pass)으로 진행하는 것이 가장 일반적인 방법이다. 한 층당 2개의 용접봉을 사용하
도록 하며 용접 외관평가 후 굽힘시험에서 평가 제외 구간인 중간 부분(10mm 부분)에서 첫 번째 용
접봉을 끊고 두 번째 용접봉을 연결해 가는 부분이 가장 중요한 부분이다.

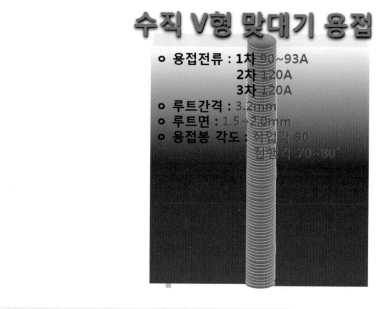

수직 V형 맞대기 용접

- 용접전류 : 1차 90~93A
       2차 120A
       3차 120A
- 루트간격 : 3.2mm
- 루트면 : 1.5~2.0mm
- 용접봉 각도 : 작업각 90°
         진행각 70~80°

그림 5-31 모재 두께에 따른 수직 자세 V형 맞대기 이음 방법

t6 2층 용접(용접봉 4개사용)

용접봉
1~2개 사용

용접봉
2개 사용

그림 5-32 모재 두께에 따른 수직 자세 V형 맞대기 이음 진행 방법

② 가용접된 모재를 지그에 고정한다.

그림 5-33 수직 자세 지그 고정

③ 용접전류를 90~93A로 설정한다. 다른 자세와 마찬가지로 루트 간격은 3.2mm(루트면에 용접봉이
   꽉 끼는 수준)로 한다. 수직 자세에서 모재의 높이를 자신의 가슴높이로 하며 허리와 얼굴을 앞으로
   숙이며 왼손은 모재 또는 클램프 지그 등에 기대어 용접봉을 받쳐주는 형태로 한다. 용접부와 자신의
   눈과 거리는 30cm 미만으로 최대한 가깝게 응시하며 용융지를 정확하게 볼 수 있도록 한다. 오른손
   은 홀더 끝을 잡아 안정적으로 용접봉을 밀어 넣어 주도록 한다.

ⓐ 전류설정(91A)

ⓑ 수직 자세 용접 자세

그림 5-34 전류설정 및 용접 자세

④ 그림 5-35와 같이 수직 자세 1차 이면비드 용접 시 진행각은 70~80°로 하며 작업각은 90°를 유지한다.

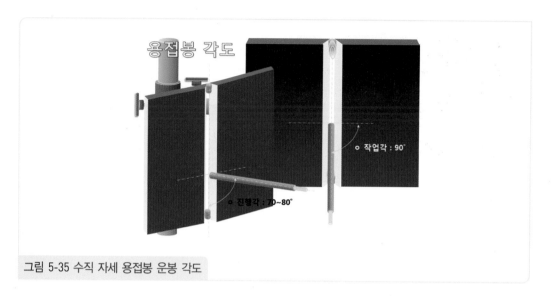

용접봉 각도

ㅇ 작업각 : 90°

ㅇ 진행각 : 70~80°

그림 5-35 수직 자세 용접봉 운봉 각도

⑤ 아랫부분 가용접 부분의 아래쪽에서 대기한 상태에서 긁기법으로 아크를 발생한 후 가용접 안쪽에서 아크 길이 3mm를 유지하고 좌우로 살짝 위빙을 하여 좌우 모재의 용융지가 연결되도록 한 후 용접봉을 개선면 사이에 최대한 안쪽으로 밀어 넣도록 한다. 이 때, 운봉속도가 적정하지 못할 경우 용융지가 흘러 내려 용접부 하단에 고드름이 열리는 것처럼 용락이 발생할 수 있다.

⑥ 피복제가 닿을 정도로 짧은 아크 길이로 루트면 사이에서 운봉하고 폭 양끝에서 머물러 키홀을 형성하며 진행한다. 첫 번째 용접봉을 사용하여 1차 이면비드를 모재 중간 지점에서 끊어 주도록 한다.

1차 용접(이면비드)

그림 5-36 1차 이면비드 용접

⑦ 그림 5-37과 같이 용접봉을 개선홈 안쪽으로 최대한 깊숙이 집어넣고 운봉을 한다.

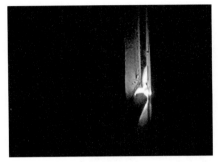

ⓐ 아크 길이

ⓑ 첫 번째 용접봉 완료

그림 5-37 t6 1차 이면비드 용접

⑧ 첫 번째 용접봉의 비드 끝단 지점으로부터 두 번째 용접봉은 약 10mm 이전 구간에서 용융지를 형성하여 용접을 진행하도록 한다. 그러면 이면비드의 비용입구간이 최소화 시킬 수 있고 연결 부위에 결함 등을 방지할 수 있다.

ⓐ 두 번째 용접봉 시작점

ⓑ 용접완료

그림 5-38 t6 1차 이면비드 용접 두 번째 용접봉

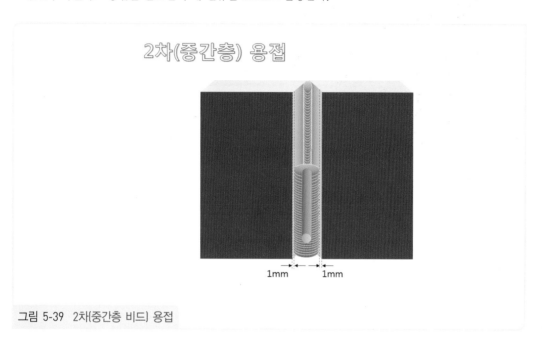

2 · 수직 자세 2차 용접하기

① 1차 이면비드 용접을 완료한 후에 전류를 120A로 설정한다.

2차(중간층) 용접

1mm   1mm

그림 5-39 2차(중간층 비드) 용접

② t6의 경우 2차 표면용접을 실시한다. 첫 번째 용접봉을 중간지점에서 끊어주고 두 번째 용접봉을 이어가는 연습을 반복한다.

ⓐ 첫 번째 용접봉

ⓑ 두 번째 용접봉

그림 5-40 t6 2차 표면 용접 완료

③ 용접이 완료된 후 비드 표면과 이면을 깨끗이 청소해 준다.

 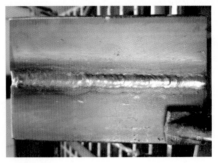

ⓐ 용접부 표면 　　　　　　　　　　　　ⓑ 용접 완료

그림 5-41　t6 2차 표면 용접 완료

4 위보기 자세 맞대기 용접하기

1 · 위보기 자세 1차 용접하기

① 피복아크 용접 위보기 자세 V형 맞대기이음은 아래보기 자세와 마찬가지로 t6의 경우 Ø3.2 용접봉 4개를 사용하여 2층(pass)으로 진행하는 것이 가장 일반적인 방법이다. 한 층당 2개의 용접봉을 사용하도록 하며 용접 외관평가 후 굽힘시험에서 평가 제외구간인 중간부분(10mm 부분)에서 첫 번째 용접봉을 끊고 두 번째 용접봉을 연결해 가는 부분이 가장 중요한 부분이다.

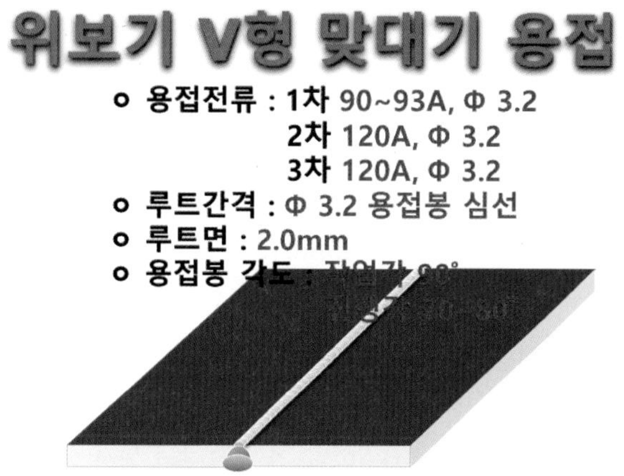

위보기 V형 맞대기 용접

- 용접전류 : 1차 90~93A, Φ 3.2
             2차 120A, Φ 3.2
             3차 120A, Φ 3.2
- 루트간격 : Φ 3.2 용접봉 심선
- 루트면 : 2.0mm
- 용접봉 각도 : 진행각 90°

그림 5-42 모재 두께에 따른 위보기 자세 V형 맞대기 이음 방법

t6 2층 용접(용접봉 4개사용)

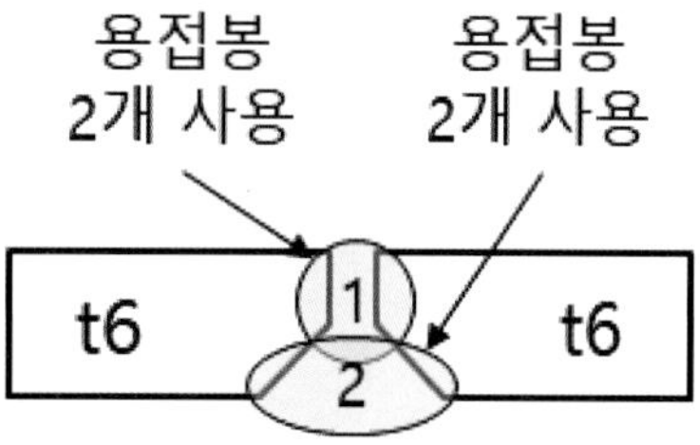

용접봉 2개 사용   용접봉 2개 사용

그림 5-43 모재 두께에 따른 위보기 자세 V형 맞대기 이음 진행 방법

② 가용접된 모재를 지그에 고정한다.

그림 5-44 위보기 자세 지그 고정

③ 용접전류를 90~93A로 설정한다. 다른 자세와 마찬가지로 루트 간격은 3.2mm 용접봉 심선(루트면
에 용접봉이 꽉 끼는 수준)으로 한다. 위보기 자세에서는 모모재를 수평면에 대하여 평행으로 고정
하며 높이는 머리 위 용접부를 잘 볼 수 있도록 하고 위보기 용접에서의 용접봉 각도를 유지하고 용
접하기에 편안한 위치로 한다. 용접부와 자신의 눈과 거리는 30cm 미만으로 최대한 가깝게 응시하
며 용융지를 정확하게 볼 수 있도록 한다. 오른손은 홀더 끝을 잡아 안정적으로 용접봉을 밀어 넣어
주도록 한다.

ⓐ 전류설정(91A)

ⓑ 위보기 자세 용접 자세

그림 5-45 전류설정 및 용접 자세

④ 그림 5-46과 같이 위보기 자세 1차 이면비드 용접 시 진행각은 70~80°로 하며 작업각은 90°를 유지한다.

그림 5-46 위보기 자세 용접봉 운봉 각도

⑤ 아랫부분 가용접 부분의 아래쪽에서 대기한 상태에서 긁기법이나 찍기법으로 아크를 발생한 후 가용접 안쪽에서 아크 길이 3mm를 유지하고 좌우로 살짝 위빙을 하여 좌우 모재의 용융지가 연결되도록 한 후 용접봉을 개선면 사이에 최대한 안쪽으로 밀어 넣도록 한다. 이 때, 운봉속도가 적정하지 못할 경우 용융지가 흘러 내려 용접부 하단에 고드름이 열리는 것처럼 용락이 발생할 수 있다.

⑥ 피복제가 닿을 정도로 짧은 아크 길이로 루트면 사이에서 운봉하고 폭 양끝에서 머물러 키홀을 형성하며 진행한다. 첫 번째 용접봉을 사용하여 1차 이면비드를 모재 중간 지점에서 끊어 주도록 한다.

그림 5-47　1차 이면비드 용접

⑦ 그림 5-48과 같이 용접봉을 개선홈 안쪽으로 최대한 깊숙이 집어 넣고 운봉을 한다.

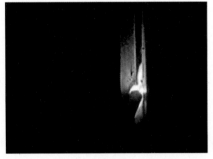 

ⓐ 아크 길이　　　　　　　　　ⓑ 첫 번째 용접봉 완료

그림 5-48　t6 1차 이면비드 용접

⑧ 첫 번째 용접봉의 비드 끝단 지점으로부터 두 번째 용접봉은 약 10mm 이전 구간에서 용융지를 형성하여 용접을 진행하도록 한다. 그러면 이면비드의 비용입구간이 최소화 시킬 수 있고 연결 부위에 결함 등을 방지할 수 있다.

ⓐ 두 번째 용접봉 시작점

ⓑ 용접완료

그림 5-49 t6 1차 이면비드 용접 두 번째 용접봉

2 · 위보기 자세 2차 용접하기

① 1차 이면비드 용접을 완료한 후에 전류를 120A로 설정한다.

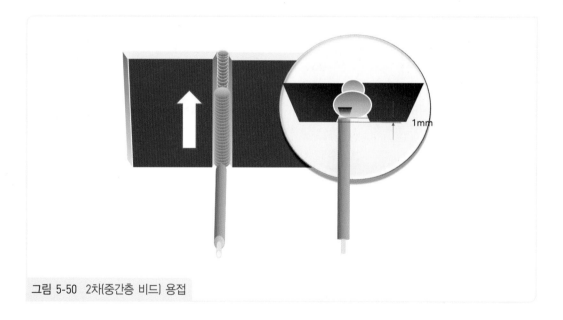

그림 5-50 2차(중간층 비드) 용접

② t6의 경우 2차 표면 용접을 실시한다. 첫 번째 용접봉을 중간지점에서 끊어주고 두 번째 용접봉을 이 어가는 연습을 반복한다.

ⓐ 첫 번째 용접봉   ⓑ 두 번째 용접봉

그림 5-51   t6 2차 표면 용접 완료

③ 용접이 완료된 후 비드 표면과 이면을 깨끗이 청소해 준다.

ⓐ 용접부 표면   ⓑ 용접 완료

그림 5-52   t6 2차 표면 용접 완료

가스텅스텐
아크 용접
GTAW

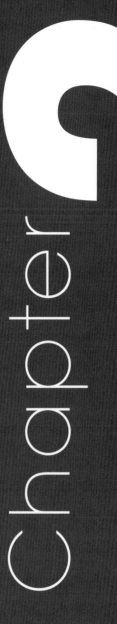

01 용접 재료 준비

1 용접 모재 준비 및 가공하기

가스텅스텐아크 용접의 경우 스테인리스강의 V형 맞대기 용접 모재를 자세별로 용접해야 한다. 용접 시험 모재를 준비하기 전에 V형 맞대기 용접부의 각 부 명칭에 대하여 알아본다. 그림 1-1은 맞대기 용접 시험 모재의 각 부 명칭을 나타내었다.

α : 홈각도 – 60~70°
β : 베벨각 – 30~35°
d : 홈깊이
f : 루트면
g : 루트 간격

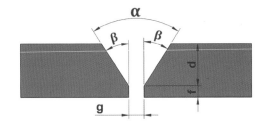

그림 1-1 V형 맞대기 용접부 각부 명칭

용접산업기사 실기 시험의 경우 홈각도가 70° 이하의 모재가 지급된다. 이때 모재의 홈은 밀링 가공이 되어 지급 되기 때문에 베벨각에 기름이나 이물질이 묻어 있어 이를 제거 하여야 한다. 맞대기 용접에서 홈가공 의 목적은 완전용입 즉 용접결함이 없는 조건으로 이면비드를 형성하기 위함이다. 용접 연습에서는 I형의 모재를 V형 가공하여 사용해야 하는데 지금 부터는 맞대기 용접의 V형 가공 방법을 알아본다.

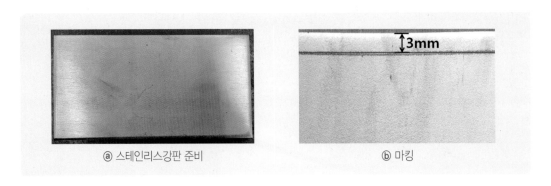

ⓐ 스테인리스강판 준비   ⓑ 마킹

ⓒ 그라인더 가공

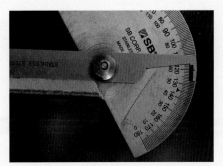
ⓓ 가공 확인

그림 1-2 스테인리스강판 베벨각 가공

스테인리스강판 베벨각을 가공하는 방법은 다음과 같다.

① 그림 1-2 ⓐ와 같이 t4×75×150mm의 스테인리스강판을 준비한다. 스테인리스강의 표면에 녹이나 이물질이 있는 경우 핸드브러쉬 및 와이어 브러쉬 등으로 깨끗이 제거하여야 한다.

② 그림 1-2 ⓑ와 같이 스테인리스강판 V형 홈가공에서 150mm의 한쪽면 30° 가공을 위해 금긋기 바늘 또는 석필 등을 이용하여 끝부에서 안쪽으로 약 3mm 정도 선을 긋는다.

③ 그림 1-2 ⓒ와 같이 4인치 및 7인치 그라인더를 이용하여 가공을 하며 이때 그라인더의 연마석은 스테인리스 전용으로 사용하는 것이 좋다.

④ 그림 1-2 ⓓ와 같이 가공 후 각도게이지로 베벨각의 각도를 확인한다.

2 용가재 준비하기

가스텅스텐아크 용접에서 사용되는 용가재를 그림1-3과 같이 준비한다.

① 그림 1-3 ⓐ와 같이 규격에 맞는 용가재를 준비한다. 자격시험에서는 2.4mm 용가재가 사용된다.

② 그림 1-3 ⓑ와 같이 용가재의 끝부분에 규격을 확인한다.

③ 그림 1-3 ⓒ와 같이 용가재를 반으로 절단한다. 150mm를 용접하기에는 용가재가 길어 손으로 잡고 공급하기에 불편하다. 그러므로 반으로 절단하여 사용하는 것이 좋다.

④ 그림 1-3 ⓓ와 같이 용가재를 보관했던 박스도 반으로 절단하여 절단된 용가재를 보관한다.

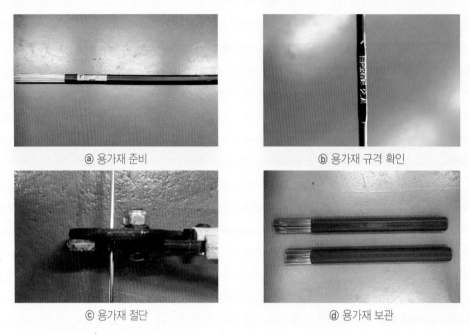

ⓐ 용가재 준비 ⓑ 용가재 규격 확인

ⓒ 용가재 절단 ⓓ 용가재 보관

그림 1-3 스테인리스 용가재 준비

3 전극봉 준비 및 가공하기

1 · 전극봉의 준비

가스텅스텐아크 용접에서 사용되는 전극봉은 그림 1-4와 같다. 전극봉의 재질은 텅스텐이며 함유된 백색 또는 회백색의 금속이다. 텅스텐은 용융점이 3,387℃, 비중이 19.3이며, 상온에서는 물과 반응하지 않고 고온에서 증발현상이 없어 고온 강도를 유지하고 전자 방출 능력이 높으며, 열팽창계수가 금속 중에서 가장 낮아 전극봉으로 사용된다. 텅스텐 전극봉은 일반적으로 교류(AC)용접에는 순수텅스텐 전극봉과 지르코늄 텅스텐 전극봉이 쓰이며 갈색으로 표시되고, 알루미늄과 마그네슘 및 그 합금에 쓰인다. 또한 직류(DC)용접에는 토륨이 1~2% 함유된 토륨 텅스텐 전극봉이 쓰이며, 황색, 또는 적색으로 표시되고, 연강, 스테인리스강 등에 사용되며 아크 스타트가 양호하고 아크 집중성, 안정성이 양호하다.

그림 1-4 직류 용접의 텅스텐 전극봉

2 · 전극봉의 가공

전극봉 지름이 2.4mm이고 길이는 150mm가 가스텅스텐아크 용접에서 가장 많이 사용되고 있다. 전극봉은 직류와 교류에 따라 전극봉 가공방법을 달리한다. 그림 1-5는 직류 및 교류에 따른 전극봉 가공 형상을 나타냈다.

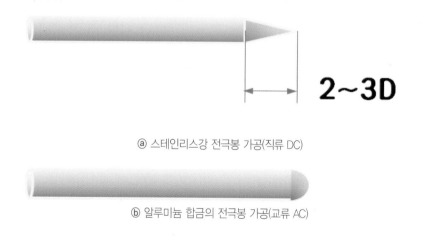

ⓐ 스테인리스강 전극봉 가공(직류 DC)

ⓑ 알루미늄 합금의 전극봉 가공(교류 AC)

그림 1-5 직류 및 교류에 따른 전극봉의 가공 형상

ⓐ 오염된 텅스텐 전극봉

ⓑ 탁상그라인더(텅스텐 전극봉 가공용)

그림 1-6 텅스텐 전극봉 가공 준비

그림 1-6 ⓐ와 같이 가스텅스텐아크 용접에서 텅스텐 전극봉이 모재 및 용가재에 접촉되면 텅스텐 전극봉을 가공하고 사용하여야 한다. 이때 그림 1-6 ⓑ와 같이 탁상 그라인더를 이용하여 텅스텐 전극봉을 가공할 수 있다. 텅스텐 전극봉의 가공 방법은 다음과 같다.

① 텅스텐 전극봉을 탁상그라인더로 가공한다.

② 텅스텐 전극봉 연마할 때에는 그림 1-7 ⓐ와 같이 전극봉을 길이 방향으로 가공하여야 한다.

③ 그림 1-7 ⓑ와 같이 텅스텐 전극봉을 가공하면 아크 및 전류가 불안정해진다.

ⓐ 올바른 텅스텐 전극봉 가공 방법

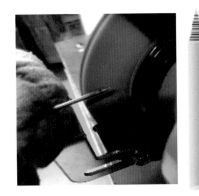
ⓑ 잘못된 텅스텐 전극봉 가공 방법

그림 1-7 텅스텐 전극봉 가공방법

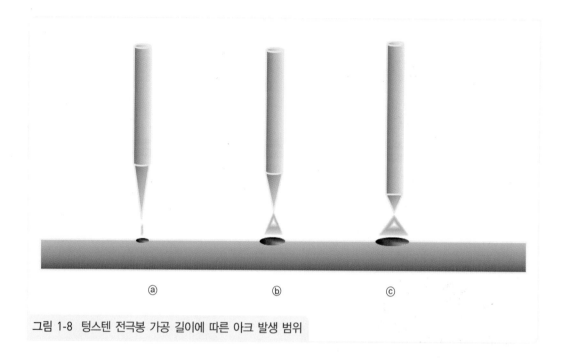

그림 1-8 텅스텐 전극봉 가공 길이에 따른 아크 발생 범위

그림 1-8 ⓐ와 같이 텅스텐 전극봉의 가공 길이가 길으면 아크의 범위가 좁고 그림 1-8 ⓒ와 같이 가공 길이가 짧을수록 아크의 범위가 넓어진다. 그러므로 스테인리스 판이 얇은수록 텅스텐 전극봉을 길게 가공하고 판이 두꺼울수록 전극봉을 짧게 가공한다.

4 보호가스 준비하기

일반적으로 가스텅스텐아크 용접에서 사용되는 보호가스로는 아르곤 가스가 대표적이다. 보호 가스는 대기로부터 용접부와 텅스텐 전극봉을 보호하기 위하여 사용된다. 이때 가스량은 전극봉을 보호할 수 있는 정도로 충분히 공급되어야 한다. 가스 공급량이 너무 많으면 보호가스의 손실이 크고 용착금속의 냉각을 돕는 역할을 할 뿐 아니라 급냉에 의해 용착금속 내의 가스가 외부로 탈출하지 못해 기공 발생 확률이 높아진다. 반대로 보호가스가 충분히 공급되지 않으면 용융지와 텅스텐 전극봉을 보호하지 못해서 용접부가 공기로부터 오염이 되어 기공 및 용접결함이 발생하거나 용착금속은 산화가 되기도 한다. 그림 1-9 ⓐ는 보호가스 인 아르곤가스이며, ⓑ는 압력 조정기를 나타냈다.

ⓐ 아르곤 가스

ⓑ 압력조정기

그림 1-9 보호가스의 준비

5 이면보호판 준비하기

가스텅스텐아크 용접(Gas tungsten arc welding, GTAW)에서 일명 빽판이라고 불리는 이면보호판의 경우 2018.01.01.이후 홈의 규격이 변경되었다. 변경된 기준은 표 1과 같고 시험에서 사용하는 연습 모재의 규격이 변경되어 적용되고 있다. 이면보호판의 변경됨에 따라 용접방법이 기존에 방식과는 변화가 필요하다. 그 이유는 이면의 홈폭 및 깊이가 넓고 깊어짐에 따라 이면비드가 산화되고 산화된 이면비드에 의해 표면까지 영향을 받기 때문이다. 이면비드의 산화 방지를 위해 종이테이프 또는 알루미늄 테이프를 사용하여 이면보호판에 모재를 고정하고 가접한 후 종이테이프 또는 알루미늄 테이프를 모재의 표면에 부착한 후 아르곤가스를 홈에 주입하고 이면에 퍼지 효과를 발생하여 이면비드를 보호하는 방법으로 변경된 이면보호판 사용방법을 제시하고자 한다.

재료명	규격	단위	적용종목	비고
연습모재	150mm×50 이하	개	용접기능장 용접기사 용접산업기사 용접기능사 특수용접기능사	두께무관 아크 발생 연습용
이면 보호판	재료 : 무관 규격 : 9mm(두께)× 100mm×200 이상	세트	용접기능장 용접산업기사 특수용접기능사	중앙에 깊이 4mm, 폭 10mm, 길이 200mm 홈 파진 것

표 1 용접분야 실기시험 수험자 지참공구 목록 재변경

02 용접 장비 준비

1 용접 장비 설치하기

1 · 용접 장비의 구성

그림2-1은 가스텅스텐아크 용접 장치의 구성도를 나타내었다. 가스텅스텐아크 용접은 220V 또는 380V, 3상 전원에서 용접기로 전력이 공급되어 용접기에서 어스케이블과 TIG토치로 나눠진다. 아르곤(Ar)가스는 압력 조정기에서 가스유량을 조절하여 용접기 본체로 공급되고 TIG토치의 조작에 따라 보호가스인 아르곤이 모재에 공급된다.

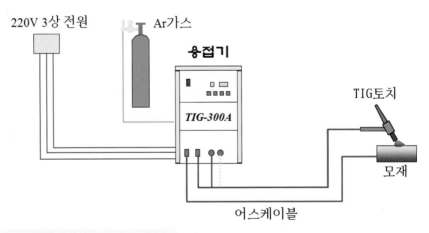

그림 2-1 가스텅스텐아크 용접 장치의 구성도

2 · 용접기 설치

용접기 및 부속 장치 준비 용접기를 설치하는 방법은 다음과 같다.

① 용도와 규격이 맞는 용접기를 준비한다.

② 부속장치를 준비한다. 부속장치는 용접토치, 1차 측 및 2차 측 케이블, 접지선, 유량계 및 가스 용기, 가스 호스, 와이어, 부속품 등이 있다.

③ 설치에 필요한 공구를 준비한다. 공구는 조정렌치, 스패너, 드라이버, 니퍼, 전선 칼, 전류 · 전압 측정기, 재료, 사용 설명서 등이 있다.

④ 용접기 후면의 1차 입력 케이블 및 접지선 연결

 ⓐ 배전반과 용접기 분전함 전원 스위치를 차단하고 '수리 중' 명패를 붙이거나 배전반을 잠근다.

 ⓑ 용접기 용량에 적합한 1차 케이블의 한쪽에 압착 단자를 고정하고 용접기의 입력 단자에 확실히 체결한다.

 ⓒ 1차 케이블의 다른 한쪽을 3상 주전원 스위치에 연결한다.

 ⓓ 접지선의 한쪽 끝은 용접기 케이스의 접지 단자에 연결한다.(접지 공사가 안 된 경우 한쪽 끝을 지면에 접지시킨다.)

⑤ 용접기 전면의 2차 어스 케이블 연결 방법은 다음과 같다.

 ⓐ 모재 또는 작업대에 연결되는 어스 케이블의 한쪽 끝을 압착 터미널로 고정하고 용접기 전면의(−) 단자에 볼트와 너트로 확실히 체결한다.

 ⓑ 어스 케이블의 반대쪽은 어스 클램프를 연결하여 작업대에 연결한다.

 ⓒ(+) 토치 단자에 토치 케이블을 접속한다.

 ⓓ 원격 조정 단자에 컨넥터를 연결한다.

 ⓔ 각 연결 부분의 이상 유무를 점검한다.

 ⓕ 노출된 연결부는 절연 테이프로 감아 절연시킨다.

 ⓖ 전원을 "ON" 하여 연결 상태를 점검한다.

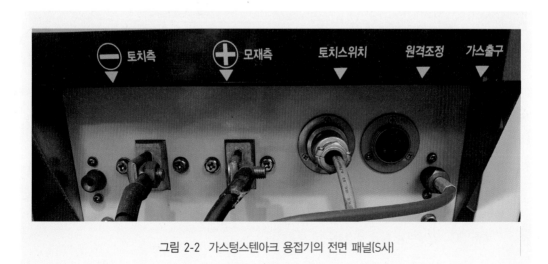

그림 2-2 가스텅스텐아크 용접기의 전면 패널(S사)

2 용접 장비 조작하기

본 용접 전에 용접 장비의 조작 능력은 아주 중요한 요소이다. 가스텅스텐아크 용접기의 경우 직류(DC)전용 용접기와 직류(DC)와 교류(AC) 겸용 용접기로 나눌 수 있다. 일반적으로 시험 장소의 가스텅스텐아크 용접기는 직류와 교류의 겸용 용접기가 많이 설치되어 있다. 각각의 시험 장소에 따라 용접기 제조 회사가 다르며 용접기의 조작 기능은 약간의 차이가 있다. 이 책에서는 두 가지 타입의 용접기를 설명한다. 그림 2-3은 S사, 그림 2-4는 P사의 용접기 전면 패널이다. 용접기는 다양한 기능들을 조작 할 수 있는 버튼 또는 다이얼 등이 있으므로 각각의 기능에 대해서 조작한다.

그림 2-3 가스텅스텐 아크 용접기 전면 패널(S사)

S사의 가스텅스텐아크 용접기의 각종 기능은 다음과 같다.
① 전원 ON/OFF : 가스텅스텐 아크 용접기 전원을 켜고 끄는 기능을 한다.
② 용접 방식 선택 : S사의 가스텅스텐 아크 용접기는 직류와 교류의 겸용 용접기이다. 실기 시험에서는 직류로 설정하고 용접한다.
  – 직류 TIG : 스테인리스강 용접하는데 사용한다.
  – 교류 TIG : 알루미늄 합금 용접하는데 사용한다.

– 수용접 : 가스텅스텐아크 용접이 아닌 일반 아크 용접(전기용접)을 할 수 있는 기능으로 용접기의 출력단자의 극성을 바꿔 사용한다. 이때 +단자는 용접홀더, −단자는 모재 연결한다.

③ 펄스 : 펄스는 높은 전류와 낮은 전류를 교대로 반복하여 용접하는 방식으로 주로 얇은 판을 용접하는데 설정한다. 실기 시험에서는 펄스를 사용하지 않기 때문에 무로 설정한다.

④ 크레이터 : 크레이터란 용접 끝부분이 파인 현상으로 높은 전류로 용접을 진행하다가 용접이 끝나는 부분에서 전류를 낮게 하여 파인 곳을 채워주는 기능이다.

– 무 : 크레이터 기능에서 일회로 설정하면 토치스위치를 잡고 있을 때 아크가 발생되고 토치 스위치를 놓으면 아크가 정지된다. 아크 발생 시 베이스전류(bA)가 설정되며 가 용접에서 주로 사용된다.

– 일회 : 토치 스위치를 누르면 용접이 아크가 발생되는데 이때 전류는 초기전류(IA)값이 설정되고 토치 스위치를 놓으면 베이스 전류로 전환되며 용접 끝부분에서 토치스위치를 누르면 크레이터전류(cA) 값으로 전환된다. 용접기의 전면 패널 왼쪽에는 초기전류와 크레이터전류를 설정할 수 있는 다이얼이 있는데, 크레이터를 일회에 설정하였을 때에만 초기전류와 크레이터 전류 값을 설정할 수 있다.

– 반복 : 용접이 진행된 후 토치 스위치를 놓으면 본 용접 전류로 상승하여 용접이 계속 진행된다. 용접진행 중 스위치를 누르면 크레이터 전류로 전환되어 용접이 진행되고 토치스위치를 놓으면 다시 본 용접 전류로 전환되어 용접이 진행된다. 이후 토치스위치에 의해 본 전류크레이터 전류가 반복으로 동작하고 용접을 정지하려면 토치를 모재에서 멀리한다.

⑤ 용접법 : 용접과 가스체크 및 아크스폿을 설정할 수 있는 기능이다.

– 용접 : 용접을 하기 위해 용접으로 설정한다.

– 가스체크 : 가스체크로 설정하면 가스의 공급 및 유량을 확인할 수 있다. 가스 유량을 설정하는데 편리한 기능이다.

– 아크스폿 : 주로 점용접이 필요한 부분에서 사용하는 기능이다.

그림 2-4 가스텅스텐아크 용접기 전면 패널(P사)

① 전원 ON/OFF : 가스텅스텐아크 용접기를 전원을 켜고 끄는 기능을 한다.

② 용접 방식 선택 : P사의 가스텅스텐아크 용접기는 직류와 교류의 겸용 용접기이다. 자격시험에서는
DC로 설정하고 용접을 하여야 한다.

　－ DC(직류) : 스테인리스강 및 연강판을 용접할 경우 설정한다.

　－ AC(교류) : 알루미늄 합금을 용접할 경우 설정한다.

③ 가스 체크 : 용접토치 스위치를 누르지 않아도 가스 체크를 ON에 설정하면 가스가 공급된다. 가스 유
량을 설정할 경우 편리하다.

④ 펄스 : 펄스는 높은 전류와 낮은 전류를 교대로 반복하여 용접하는 방식으로 실기 시험에서는 무로
설정한다.

⑤ 베이스 전류 : 본 용접 전류를 설정한다.

⑥ 펄스 전류 : 실기 시험에서는 펄스를 설정하지 않는다.

⑦ 시작 전류 : 크레이터를 1회로 설정한 경우 시작 전류를 설정한다.

⑧ 크레이터 전류 : 크레이터 전류를 설정한다.

⑨ 후기 가스 : 용접 종료 시 아크 정지 후 나오는 가스의 공급 시간을 설정한다. 후기 가스는 크레이터
　부의 산화를 방지하므로 3초 이상 설정하는 것이 중요하다.

⑩ 업 슬로프 : 시작전류가 본 전류까지의 상승시간을 설정한다.

⑪ 다운 슬로프 : 본 전류가 크레이터 전류까지 하강시간을 설정한다.

⑫ 초기 가스 : 초기에 가스를 공급하는 시간을 설정한다.

크레이터 조작	선택	조작	기능
	⎍	무	토치 스위치를 누르면 설정된 초기 가스의 시간만큼 가스가 분출되고 아크가 발생하면서 용접 전류로 용접이 시작된다. 용접을 끝내려면 토치 스위치를 놓으면 된다. 그러면 아크가 멈추게 되고 후기 가스의 시간만큼 가스가 분출된다.
	⎍‾⎍	일회	토치 스위치를 누르면 설정된 초기 가스의 시간만큼 가스가 분출되고 설정되어진 초기 전류가 용접이 시작되며 이 때 스위치를 놓으면 전류 상승 시간동안 용접 전류치가 증가하면서 용접이 계속 진행된다. 용접을 진행하다 용접을 끝내려면 다시 토치 스위치를 누른다. 그러면 전류 하강 시간동안 크레이터 전류치로 감소하며 이 때 토치 스위치를 다시 놓으면 아크가 멈추게 되며 후기 가스의 시간만큼 가스가 분출된다.
	⋀‾⋀	반복	토치 스위치를 누르면 설정된 초기 가스의 시간만큼 가스가 분출되고 설정되어진 초기 전류치 용접이 시작되며 이 때 스위치를 놓으면 전류상승 시간동안 용접 전류치가 증가하면서 용접이 계속 진행된다. 다시 토치스위치를 ON하면 크레이터 전류로 바뀌고 이 때 OFF하면 다시 용접전류로 바뀌게 된다. 다시 토치스위치를 ON하면 크레이터 전류, OFF하면 용접전류로 바뀌는 동작을 계속 반복하게 된다. 용접을 진행하다 용접을 끝내려면 토치를 모재로부터 떼어 주면 후기 가스의 시간만큼 가스가 분출된다.

3 용접 토치의 구성 및 조립하기

1 · 용접 토치의 구성품

가스텅스텐아크 용접 토치의 구성품은 토치 바디, 세라믹 노즐, 콜릿 척, 콜릿 바디, 캡, 보호가스 호스, 전

원케이블, 토치 스위치가 공랭식에 해당되며 수냉식 경우에는 냉각수 순환 호스가 별도로 있다. 용접에서 토치는 가장 중요한 부분이며 쉽게 부속품은 소모되기 때문에 토치를 구성하고 있는 부품과 부품의 조립에 관해 알아본다.

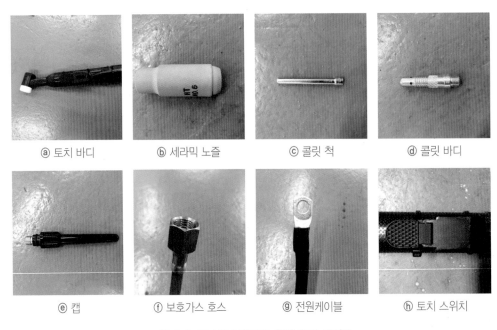

ⓐ 토치 바디   ⓑ 세라믹 노즐   ⓒ 콜릿 척   ⓓ 콜릿 바디

ⓔ 캡   ⓕ 보호가스 호스   ⓖ 전원케이블   ⓗ 토치 스위치

그림 2-5 가스텅스텐아크 용접 토치 구성품

또한 콜릿 바디 및 콜릿 척 캡은 사용 용도에 따라 여러 가지 형태가 있다.

350A 콜릿바디   350A 콜릿 척   500A 콜릿 척   변형 콜릿바디   변형 콜릿 척   단캡   중캡   장캡

그림 2-6 가스텅스텐아크 용접 토치의 조립

2 · 용접 토치 조립

가스텅스텐아크 용접 토치의 구성품을 용접 토치로 조립한다. 용접 토치의 조립에는 특별히 필요한 치공구는 없다.

① 토치 바디에 보호가스 호스와 전원케이블을 연결한다. 장시간 용접하는 경우 고열에 의해 보호가스 호스 연결부가 토치바디에서 빠질 수 있다.

② 토치 바디에 콜릿 바디를 연결한 후 콜릿 척을 삽입한다.

③ 세라믹 노즐을 콜릿 바디와 연결하고 텅스텐 전극봉을 삽입한 후 캡을 연결한다.

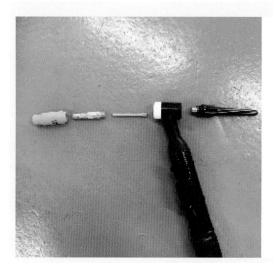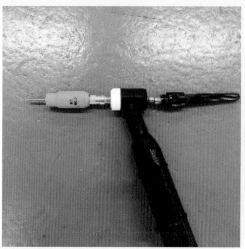

그림 2-7 가스텅스텐아크 용접 토치의 조립

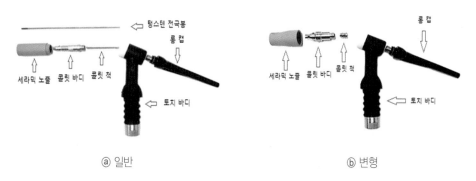

ⓐ 일반   ⓑ 변형

그림 2-8 가스텅스텐아크 용접 토치의 조립 순서

3 · 용접 장비 점검

가스텅스텐아크 용접기가 정상 작동을 하지 않는 경우 점검 및 정비 방법을 알아본다. 용접기가 정상 작동을 하지 않는 경우 점검 방법은 다음과 같다.

  ① 고장 원인을 파악하기 전에 접속 케이블의 위치를 확인하여 접속의 여부를 파악해야 한다.

  ② 용접기의 전원을 OFF한 후 약 5분 정도 기다린 후 용접기를 점검한다.

  ③ 용접기의 내부는 주기적으로 압축공기를 이용하여 먼지를 제거한다.

용접 전류나 아크 전압이 조정이 되지 않는 경우의 고장 원인과 정비 방법은 다음과 같다.

고장 원인	정비 방법
용접 전류 조정 VR(노브) 불량	용접 전류 노브를 교체
PCB의 접촉 불량	PCB를 교환(제조사 의뢰)
전원 케이블이 단선	전원 케이블을 점검

아크 발생이 되지 않는 경우의 고장 원인과 정비 방법은 다음과 같다.

고장 원인	정비 방법
용접기에 전기가 공급이 안되는 경우	용접기의 전원스위치 on
퓨즈(fuse)의 단락	퓨즈(fuse)를 교환
1차 또는 2차측 케이블이 불량 또는 단선	어스선을 모재에 접속 또는 케이블이 단선된 경우 교환
고주파가 발생되지 않는 경우	고주파 발생장치 교체(제조사 의뢰)
전면 판넬에 이상 경고등이 점등	용접기의 이상 유무 확인(제조사 의뢰)
제어 케이블이 단선	케이블을 점검하고 이상 발생 시 교환
PCB가 접촉이 불량	PCB를 교체(제조사 의뢰)

보호가스가 유출되는 경우의 고장 원인과 정비 방법은 다음과 같다.

고장 원인	정비 방법
가스 점검(점검, 용접) 스위치가 선택	점검 위치에 레버를 용접으로 위치
가스 제어 전자밸브에 이상	가스 전자밸브를 교체
PCB기판에 이상이 있다.	용접기 전원이나 PCB 교체

보호 가스가 공급되지 않는 경우의 고장 원인과 정비 방법은 다음과 같다.

고장 원인	정비 방법
가스 용기에 가스가 없거나, 밸브가 닫힘	가스 용기 교환 또는 밸브를 오픈
퓨즈가 단락 또는 스위치가 OFF	전원을 점검하고 퓨즈 단락 시 교체
가스제어 전자밸브가 작동하지 않음	가스제어 전자밸브를 점검 및 교환
가스호스에서 누설 또는 막힘	가스 호스를 점검 및 교환
유량계가 작동 불량	유량계 수리 또는 교환
PCB 접촉 불량	PCB를 점검 및 교체
보호 가스의 압력이 부적당	유량계의 압력 조절

4 용접 장비 시운전하기

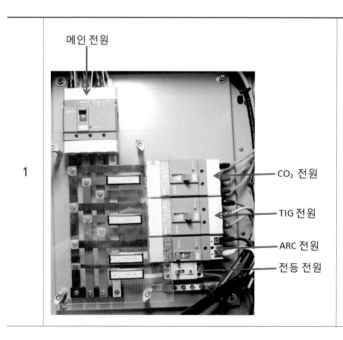

메인 전원

CO₂ 전원
TIG 전원
ARC 전원
전등 전원

1

분전반에서 가스텅스텐아크 용접의 메인 스위치를 켠다.

2			용접기의 전원을 ON 한다.
3			용접 방식은 DC 또는 직류 TIG로 설정한다.
4			토치에서 가스가 나오는지 확인하기 위하여 가스체크를 설정한다. 가스공급 확인 후 OFF 또는 용접으로 설정한다.
5			가스를 ℓ/min를 사용할 것인지 유량을 조절하는 밸브이다. 10~15ℓ 눈금 사이에 지시 볼을 맞추면 된다.
6			용접 방법 선택 셀렉터 스위치를 크레이터 무, 일회, 반복 중 하나를 선택하고 보통 일회 많이 사용한다.

7	 	용접 전류의 다이얼을 조작하여 전류값을 설정한다.
8	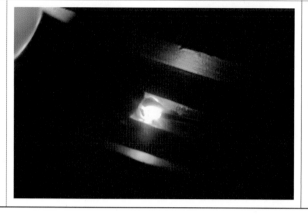	아크를 발생시켜 본다.

아크 발생하는 방법은 다음과 같다.

① 용접기 전면 패널의 각 볼륨 위치를 확인하여 필요한 상태로 선택이 되었는지 확인하고 조절한다.

② 연강판 또는 스테인리스강판을 용접 작업대 위에 놓고 지그에 고정한다.

③ 전극봉의 돌출길이를 약 4~5mm 정도로 하고, 베이스 전류는 연강판인 경우 100~120A로 스테인리스판인 경우 60~80A로 조절한다.

④ 토치의 각도는 작업각 90°, 진행각 30°로 하고, 용가재의 각도는 15°정도로 한다.

⑤ 아크 발생위치를 정하고 헬멧을 쓴 후 토치 스위치를 눌러 아크를 발생하고 토치 각도를 45°로 세운다. 이때 전극봉에서 모재와의 거리를 1.5~2mm 정도로 유지한다.

⑥ 용접 방법 선택 스위치를 조절하며 아크를 발생해 본다.

⑦ 작업이 종료되면 전원 스위치를 OFF하고, 가스 용기밸브, 유량계를 잠그고, 유량계를 공구정리 정돈 및 청소를 한다.

03 가용접하기

1 가용접 연습하기

가용접에서 주의 사항은 다음과 같다.

　① 가용접 부위에 용접결함은 본용접에서 용입 불량, 기공, 균열 등의 원인이 된다.

　② 예열이 필요한 경우 본용접과 같은 조건으로 예열한다.

　③ 모재에 이물질이나 녹은 완전히 제거한다.

　④ 가접의 길이는 판 두께에 따라 결정한다.

1 · 가용접 준비

　① 가용접을 위해 필요한 치공구를 준비한다.

ⓐ 스틸자(300mm)

ⓑ 각도 게이지

ⓒ 석필

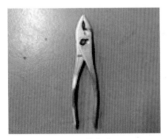
ⓓ 플라이어

ⓔ 용접 게이지

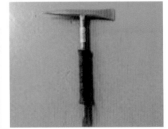
ⓕ 슬래그 해머

그림 3-1　치공구 준비

② 용접 전 안전보호구를 착용한다.
- 가용접 후 본용접을 하기 위해 안전보호구는 필수 사항이다. 실기 시험에서는 안전보호구 착용 상태 또한 평가 사항이므로 용접 안전보호구를 올바르게 착용한다.
③ 모재의 베벨각에 줄 가공으로 기름이나 이물질 및 녹을 제거한다.
- 베벨가공에서 기름이나 이물질이 묻어 있어 용접결함이 발생하기 때문에 가용접 전 베벨각을 줄 가공하여 제거한다.
- 가스텅스텐아크 용접에서 일반적으로 루트면은 가공하지 않지만 필요에 따라 루트면을 가공하는 경우가 있다. 줄이나 그라인더를 이용하여 가공하는데 그라인더 가공 후 가공면이 거칠기 때문에 줄 가공으로 마무리 하는 것이 좋다.

ⓐ 용접면(헬멧)   ⓑ 용접면(핸드 실드)   ⓒ 차광유리

ⓓ 용접 자켓   ⓔ 용접 앞치마   ⓕ 용접 장갑

ⓖ 용접 발 덮개   ⓗ 안전화   ⓘ 귀마개

ⓙ 방진 마스크　　　　　ⓚ 보안경　　　　　ⓛ 보안면

그림 3-2　안전 보호구

그림 3-3　모재의 베벨각 줄가공

2 · 가용접하기

① 가용접을 위해 가스텅스텐아크 용접기를 설정한다.

　　– 가용접 전 용접기를 세팅하는 방법은 용접기 마다 약간의 차이가 있다. 용접기에 따라 조작 방법
　　은 다르지만 기능은 같다.

② 분전반에 가스텅스텐아크 용접기의 메인 스위치를 ON으로 한다.

그림 3-4 메인 스위치 ON

③ 가스텅스텐용접기 ON

 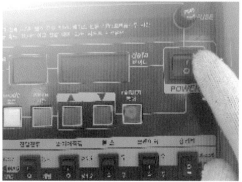

그림 3-5 용접기 스위치 ON

④ 가스 밸브를 열고 가스 유량을 확인한다.
  – 용접기의 가스체크 기능을 사용하면 가스 유량을 설정하는데 편리하다.
  – 가스유량은 10~15 l/min으로 설정한다.

그림 3-6 가스 밸브 ON   그림 3-7 가스 유량 조절

⑤ 크레이터를 무로 설정한다.
  – 용접기 마다 크레이터를 조작하는 방법에는 차이가 있다.
  – 크레이터 무로 설정하면 크레이터 전류는 무시하여도 된다.

그림 3-8 크레이터 조작

⑥ 전류값을 60~80A로 설정한다.
  – 전류값은 용접기 마다 약간의 차이가 있다.

- 전류를 높게 설정하면 용락이 발생할 수 있다.

그림 3-9 용접 전류 설정

3 · 가용접 확인하기

가용접의 길이는 10mm 이내에서 가용접을 한다. 가용접의 두께는 모재의 표면보다 낮게 한다.

ⓐ 적절한 가용접 상태   ⓑ 잘못된 가용접 상태

그림 3-10 용접 전류 설정

가용접 후 상태가 불량해도 가용접부를 제거 할 수 없으며, 가용접이 끝나면 본용접을 해야 하므로 가용접이 본용접의 상태를 결정하는데 중요한 요소이다. 현장에서는 엔드탭을 사용하여 시작부와 끝부의 가용접부를 제거하지만 실기 시험에서는 한번 가용접을 하면 제거 할 수 없다. 그러므로 주의하여 신중하게 용접을 해야 한다.

04 비드쌓기

1 아래보기 자세 비드쌓기

가스텅스텐아크 용접의 비드쌓기는 기본으로 맞대기 용접 전 토치의 움직임, 전류값, 텅스텐 전극봉의 가공 상태 등 기본적인 사항을 실습하는데 매우 중요한 요소이다.

1 · 모재 준비

① 스테인리스판 약 8mm~12mm 선을 긋는다.
    – 8mm의 경우 좁은 비드이고 12mm의 경우 넓은 비드쌓기를 연습할 수 있다.

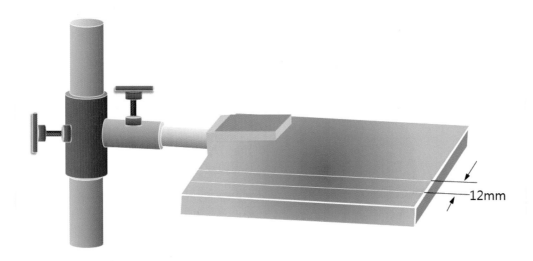

그림 4-1 아래보기 자세의 고정

② 아래보기 자세에서 모재는 무릎 정도의 높이로 고정한다.

2 · 위빙 연습

① 가스텅스텐아크 용접의 위빙 방법은 다음과 같다.

  – ∞자 비드는 가스텅스텐아크 용접에서 가장 많이 쓰이는 위빙 방법으로 ∞자로 위빙을 하면 용접을 진행 하는 방법이다.

  – 진행하는 ∞자 비드를 연습할 때 주로 용접이 진행되지 않는 경우와 직선으로 용접이 되지 않는 경우, 표면비드 상태가 산화된 경우 등 많은 문제점이 나타난다. 이러한 문제점을 하나씩 해결하기 위해 비드쌓기 연습은 자세 별로 준비한다.

ⓐ 좁은 비드 연습

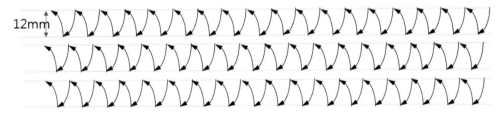

ⓑ 넓은 비드 연습

그림 4-2 ∞자 위빙 비드 연습

3 · 아래보기 자세 비드쌓기

① 텅스텐 전극봉을 토치에 공급하고 돌출길이는 약 3~5mm정도 준비한다.

그림 4-3 텅스텐 전극봉의 돌출길이

② 용접 토치의 진행각은 45˚, 작업각은 90˚를 유지한다.

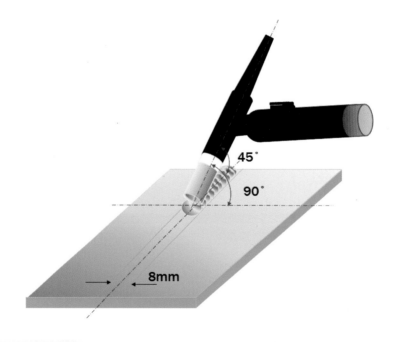

그림 4-4 용접 토치의 각도

③ 용가재의 공급 각도가 클수록 용융이 많아진다. 용가재는 모재에서 15° 정도가 좋다.

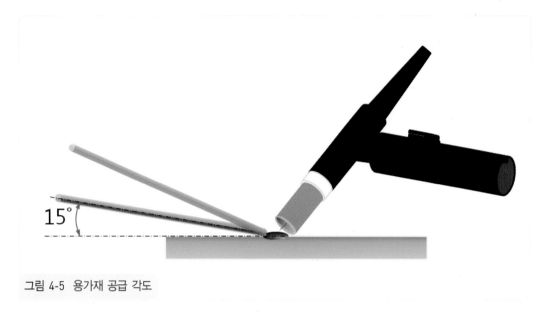

그림 4-5 용가재 공급 각도

④ 시작점에서 아크를 발생시켜 용융 풀을 형성하고 용가재를 공급하여 용융 풀의 크기를 일정하게 형성한 다음 용가재 용융 풀 끝에 공급한다.

그림 4-6 용가재 공급 위치

⑤ 토치의 위빙은 전극과 모재의 간격 1.5~2.0mm정도가 일정하도록 유지하며 위빙한다.

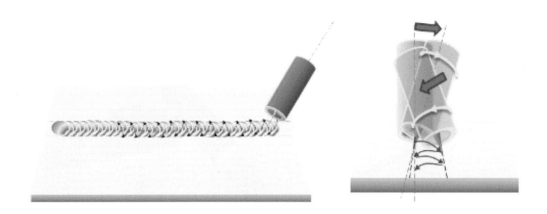

그림 4-7 위빙 방법

⑥ 크레이터 처리는 용접부가 끝나는 지점에서 토치 스위치를 off 한 후 후기가스 공급이 끝날 때까지 용접부에서 토치를 들지 않는다.

그림 4-8 크레이터 처리

⑦ 비드 연습이 끝나면 다음과 같이 비드가 나타난다.

　－ 그림 4-8 ⓐ는 좁은 피치의 간격으로 위빙한다.

　－ 그림 4-8 ⓑ는 넓은 피치의 간격으로 위빙한다.

ⓐ 좁은 피치 간격

ⓑ 넓은 피치 간격

그림 4-9 위빙 피치 간격

2 수직 자세 비드쌓기

① 가스텅스텐아크 용접의 수직 비드쌓기에서 텅스텐 전극봉을 약 2~3mm정도 돌출한다. 용접 토치의
　각도를 30°로 하여 아크를 발생 시킨 후 토치의 각도를 약 45°로 세운다.

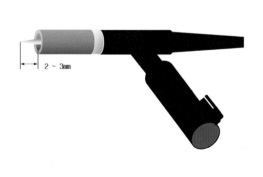

그림 4-10 텅스텐 전극봉 돌출길이

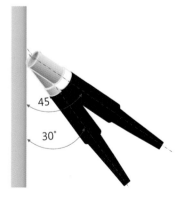

그림 4-11 아크 발생 각도

② 토치의 각도를 진행각은 45°, 작업각은 90°를 유지하며 용접한다. 수직 자세의 위빙 방법은 다음과 같다.

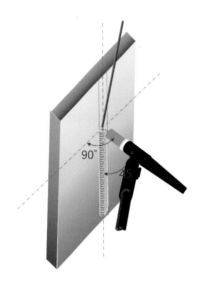

그림 4-12 용접 토치의 각도

그림 4-13 위빙 방법

③ 용접 전류는 약 70~80A 정도 설정한다.

④ 크레이터는 유로 설정한다.

　　– 크레이터 유는 토치 스위치를 한번 누르고 떼면 자동으로 아크가 발생되므로 용접선이 긴 경우 편리하다.

　　– 크레이터를 유로 설정 했을 경우 크레이터 전류를 설정한다.

　　– 크레이터 전류는 베이스전류에 70%정도 설정한다. 용접 전류가 70A 라면 크레이터 전류는 50A 정도로 설정한다.

⑤ 수직 자세의 시작부 처리는 다음과 같다.

　　ⓐ 시작점에서 아크를 발생시켜 용융 풀을 형성한다.

　　ⓑ 용가재를 공급하고 토치를 운봉하여 용융 풀의 크기를 비드 폭 크기로 형성한다.

　　ⓒ 토치 운봉을 진행하며 용가재 용융 풀 끝에 공급한다.

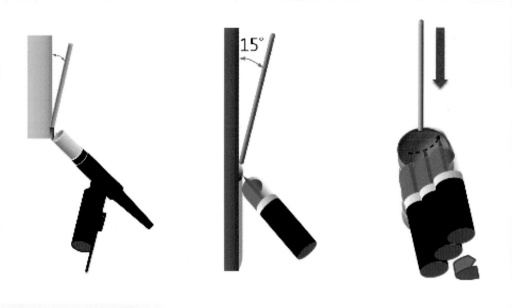

그림 4-14 수직 자세 시작점 처리

3 수평 자세 비드쌓기

① 수평 자세의 텅스텐 돌출길이는 수직 자세와 같이 세라믹 노즐에서 약 2~3mm 돌출한다. 토치의 각
   도는 30°로 하여 아크를 발생한 다음 토치의 각도를 45°로 세운다.

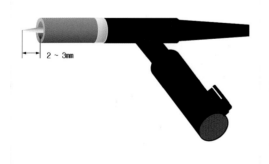

그림 4-15 텅스텐 전극봉 돌출길이

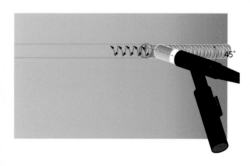

그림 4-16 아크 발생 및 토치 각도

② 수평 자세의 토치 위빙 방법은 다음과 같다.

  ⓐ 수평 자세 용접을 위한 토치의 위치를 잡는다.

  ⓑ 위빙 피치를 일정하게 유지하기 위하여 전극봉이 움직여야 할 위치로 토치를 ②와 같이 꺾어 준다.

  ⓒ 세라믹 노즐 앞쪽 끝을 따라 토치를 굴려 준다.

  ⓓ 비드 폭 반대쪽 전극봉이 움직여야 할 위치로 토치를 ③과 같이 꺾어준 후 세라믹 노즐을 굴려 준다.

  ⓔ 위빙 속도는 용융물의 크기를 일정하게 유지하도록 하며 진행을 반복한다.

그림 4-17 수평 자세 위빙 방법

③ 수평 자세의 용가재 공급 각도 및 위치는 다음과 같다.

  ⓐ 용융물 끝부분에 두고 조금씩 밀어 넣는다.

  ⓑ 용가재를 너무 깊이 넣으면 전극봉과 접촉하여 오염된다.

  ⓒ 비드 위쪽 부분에서 잠깐 머물러 주고, 아래쪽 부분에서 약간 빠르게 위로 진행한다.

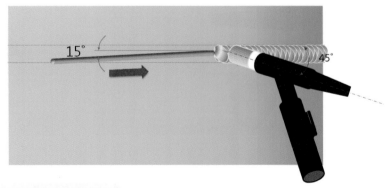

그림 4-18 용가재 공급 각도 및 위치

4 위보기 자세 비드쌓기

① 위보기 자세의 텅스텐 돌출길이는 수직 자세와 같이 세라믹 노즐에서 약 3~5mm 돌출한다. 토치의 각도는 30°로 하여 아크를 발생한 다음 토치의 각도를 45°로 세운다.

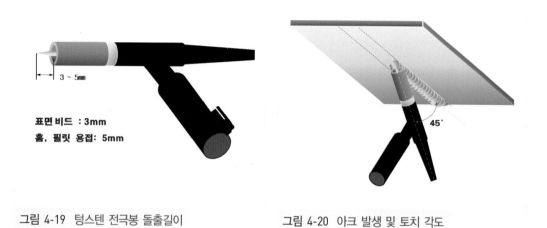

표면 비드 : 3mm
홈, 필릿 용접: 5mm

그림 4-19 텅스텐 전극봉 돌출길이   그림 4-20 아크 발생 및 토치 각도

② 토치 각도를 30°로 하여 아크를 발생한 다음 토치 각도를 45°로 세운다.

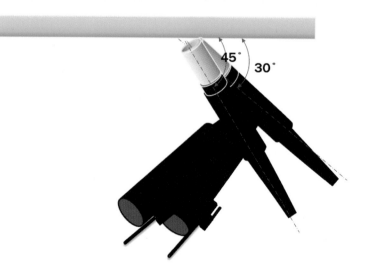

그림 4-21 텅스텐 전극봉 돌출길이

③ 용가재는 약 15° 정도를 유지하며 일정하게 공급하며. 용가재의 각도가 클수록 용가재의 용융이 많아진다.

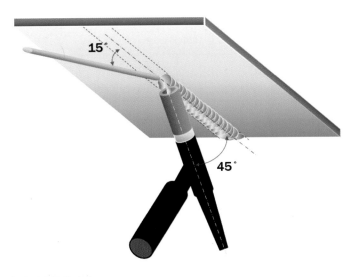

그림 4-22 텅스텐 전극봉 돌출길이

④ 시작점에서 아크를 발생시켜 용융 풀을 형성하고 용가재를 송급하여 용융 풀의 크기를 일정하게 형성한 다음 용가재 용융 풀 끝에 공급한다.

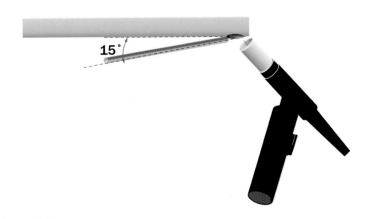

그림 4-23 용가재의 공급

⑤ 아래보기 위빙과 같은 방법으로 위보기 자세로 하여 전극과 모재의 간격(1.5~2mm정도)이 일정하도록 유지하며 위빙한다.

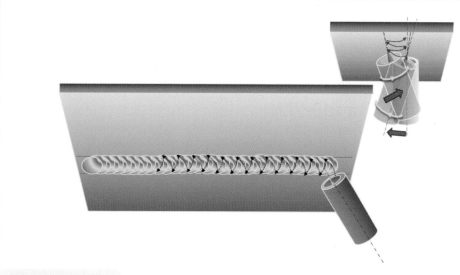

그림 4-24 토치의 운봉

⑥ 종이나 은박지에 비드 폭과 같이 선을 긋고 그 범위에서 그림 4-25와 같이 위빙하여 숙달한다.

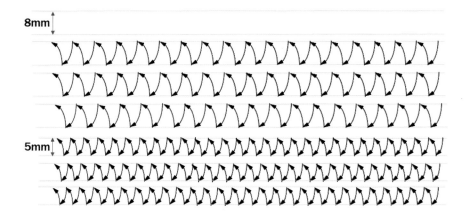

8mm

5mm

그림 4-25 넓은 비드 및 좁은 비드 연습

05 자세별 맞대기 용접하기

1 아래보기 자세 비드쌓기

1 · 아래보기 자세 맞대기 용접 준비

① 2018년 용접분야 실기 시험에서 이면보호판의 규격이 변경 되었다. 그림 5-1과 같이 홈 폭 10mm, 길이 200mm, 깊이 4mm이며 재료는 무관하다. 기존에 방식과는 다른 용접방법을 적용해야 이면비드가 산화되지 않으며 부드러운 이면비드를 얻을 수 있다.

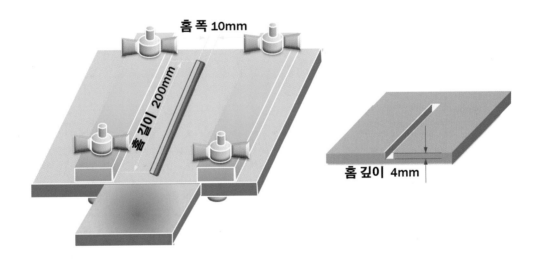

그림 5-1 이면 보호판 홈 폭, 길이, 깊이

② 시중에 판매하는 이면 보호판은 알루미늄과 동 재질이 있으며 시험편을 고정하고 변형 및 산화 방지를 위하여 사용한다.

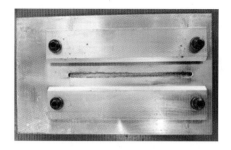 

ⓐ 알루미늄 재질 이면 보호판   ⓑ 동 재질 이면 보호판

그림 5-2 이면 보호판 종류

③ 가공된 시험편을 이면 보호판에 고정시킨다. 이때 루트 간격은 이면 보호판의 홈 간격에 맞춰 손으로 조인 다음 모재가 단차 발생이 없도록 육각렌지, 몽키 스패너를 사용하여 고정한다.

그림 5-3 이면 보호판 모재 고정

④ 이면 보호판을 아래보기 자세로 작업대 지그에 고정한다. 지그를 사용하지 않고, 용접 테이블 위에서 용접 할 경우 이면 보호판이 움직여 정상적인 위빙이 불가능하기 때문에 지그의 고정은 필수 사항이다.

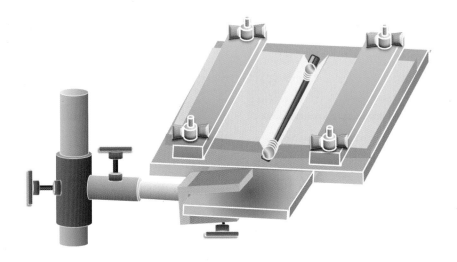

그림 5-4 아래보기 자세 고정

⑤ 텅스텐 전극봉을 토치에 삽입하고 돌출길이는 약 3~5mm정도 준비한다. 텅스텐 전극봉은 용접 전 몇 개를 가공하여 준비 하는 것이 좋다. 이는 텅스텐 전극봉이 모재와 용가재에 접촉되면 비드가 산화되기 때문이다. 세라믹 노즐은 5호 또는 6호를 사용한다.

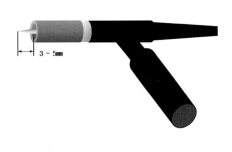

그림 5-5 텅스텐 전극봉 돌출길이

그림 5-6 가공 상태

2 · 아래보기 자세 1차 용접하기

① 아래보기 자세의 경우 루트 간격을 표1과 같이 고정한 후 시점과 종점에 가접한다. 모재의 두께에 따라 루트 간격이 다르므로 이점을 유의해야 한다. 루트 간격 설정에서 피복아크 용접봉 심선을 기준으로 하며 그림 5-7과 같이 이면비드판에 모재를 고정시킨 후 가접 하는 것이 바람직하다.

모재 두께	루트 간격		용접 층수
	시점	종점	
t4	3.2mm	4.0mm	3~4 Pass

* 아래보기 자세, 수직 자세, 수평 자세, 위보기 자세에 모두 해당 됨
* 참고값이므로 개인 차에 의해 루트 간격설정 및 용접 층수는 변경될 수 있음

표 1 모재 두께에 따른 루트 간격 및 용접 층수 설정

그림 5-7 루트 간격 고정

② 이면 보호판에 아래보기 자세로 고정한 후 가접된 모재의 가공된 V홈 표면에 종이테이프 또는 알루
미늄테이프를 붙인다.

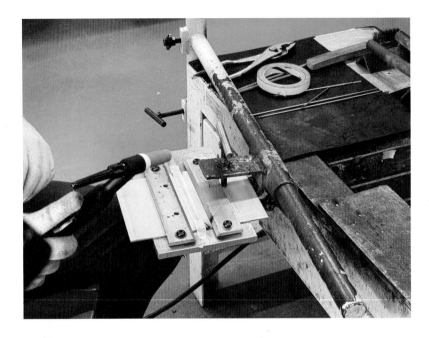

그림 5-8 종이테이프 부착

③ 시점 또는 종점의 종이테이프를 살짝 떼어 아르곤가스를 이면보호판에 약 20초간 주입한다. TIG 용
접기의 후기가스 시간을 길게 하면 편하다.

ⓐ 퍼지 준비

ⓑ 아르곤가스 주입(약 20초)

그림 5-9 이면보호판 홈에 아르곤가스 주입

④ 1차 용접(Back bead)은 시작부에서 노즐을 이면 보호판 면에 놓고 종이테이프 또는 알루미늄테이프를 태우고 가접부를 용융시키고 용가재를 첨가하여 그림 5-10과 같이 위빙을 진행한다.

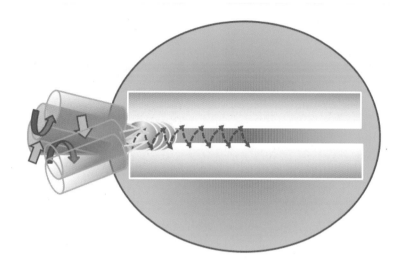

그림 5-10 1차 용접 시작방법

⑤ 토치의 진행속도에 맞춰 용가재를 공급한다. 이때 용융지에서 용가재가 떨어지지 않도록 주의해야 하며 모재의 열쇠구멍(key hole)을 채우며 용접을 진행한다.

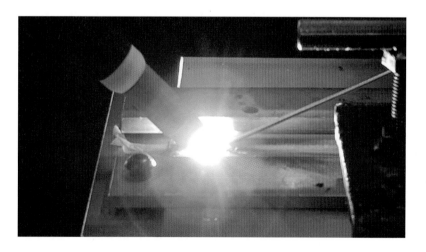

그림 5-11 1차 용접 방법

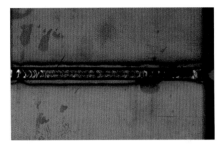
ⓐ 1차 용접 표면

ⓑ 1차 용접 이면

그림 5-12 1차 용접 표면 및 이면비드 모양

⑥ 1차 용접에서 유의할 사항은 다음과 같다.

    ⓐ 용가재의 공급이 부족하면 열쇠구멍(key hole)이 커지게 되므로 용융물 형성이 끊어지지 않도록 연속적이고 규칙적으로 공급이 되도록 한다.

    ⓑ 가용접의 경우와 같이 루트 면에서 루트 면까지 위빙하여 용접의 비드가 표면까지 쌓이지 않게 한다.

    ⓒ 위빙 피치가 너무 좁거나 용접속도가 너무 느리면 모재의 과열로 용접부가 탄화되어 변색되므로 유의한다.

    ⓓ 크레이터 부분에서 용융물을 채우고 후기가스가 정지될 때까지 토치를 유지시켜 용접부 보호 및 전극봉을 냉각시킨다.(300℃)

3 · 아래보기 자세 2차 용접하기

비드 용접 방법과 같은 방법으로 위빙하며 비드 폭은 양끝에서 약간 머물러 준다. 용융물의 크기가 일정하게 형성되고, 홈 안을 0.5mm정도 남기며 홈을 채운다.

토치의 위빙 방법은 다음과 같다.

    ⓐ 토치 ①의 전극이 비드 반대쪽 화살표 끝 쪽을 향하도록 각도를 꺾어준다.

    ⓑ 토치 ②를 세라믹 노즐 끝을 이용하여 ③의 위치까지 굴려 준다.

    ⓒ 토치 ③을 전극이 비드 반대쪽 화살표 끝 쪽을 향하도록 토치 ④와 같이 꺾어 굴려준다.

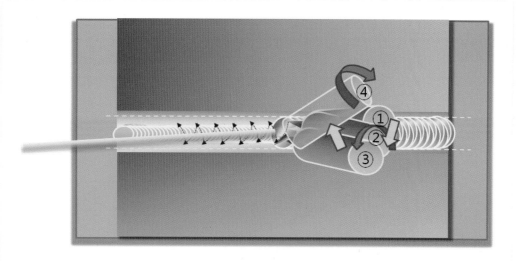

그림 5-13 2차 용접 위빙 방법

그림 5-14 2차 용접 표면

4 · 아래보기 자세 3차 용접하기

① 3차 용접의 위빙 방법은 2차와 동일하며 세라믹 노즐 7호, 8호를 사용한다. 비드 폭 양끝에서 머물러 홈 안을 충분히 채워 가면서 위빙한다.

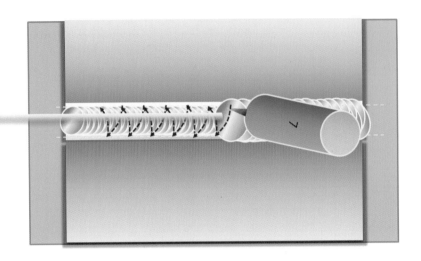

그림 5-15 3차 용접 위빙 방법

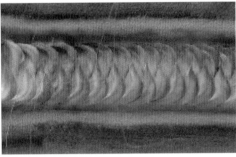

그림 5-16 3차 용접 표면

② 크레이터 처리는 용접의 끝부분에서 용가재를 공급하고 아크를 끊고 후기가스가 충분히 공급될 때 까지 토치를 비드에서 들지 않는다.

그림 5-17 크레이터 처리

② 수직 자세 맞대기 용접하기

1 · 1차 용접(이면비드 용접)

① 이면 보호판을 수직 자세로 고정하고 모재 표면에 종이테이프 또는 알루미늄 테이프를 붙인다.

ⓐ 종이테이프 부착   ⓑ 모재고정

그림 5-18 종이테이프 부착(모재표면)

② 아르곤가스의 경우 공기보다 무겁기 때문에 수직 자세 아르곤 퍼지는 모재를 수직으로 고정시킨 상태에서 종점부의 종이테이프 및 알루미늄 테이프를 땐 상태에서 약 20초간 아르곤가스를 주입한다. 이때 후기가스 모드를 조절하여 아르곤가스를 주입하면 편리하다.

그림 5-19 수직 자세 아르곤 퍼지

③ 수직 자세의 경우 용접 진행각은 45°, 작업각은 90°를 유지하는 것이 바람직하다.

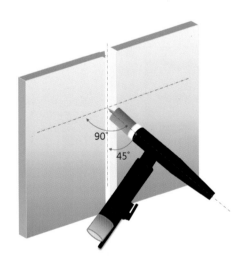

그림 5-20 용접 각도

④ 1차 용접전류를 50~60A로 조정하고 세라믹 노즐은 5호, 6호를 선택하고 세라믹 노즐을 이면 보호 판에 놓고 종이테이프 및 알루미늄테이프와 가용접부을 녹여 용융물을 만들고 용가재를 공급하면서 진행한다.

 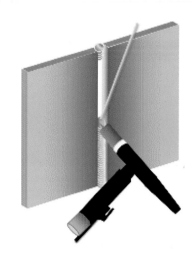

그림 5-21 1차 용접 방법

⑤ 표면비드 위빙 방법과 같이 행하고 폭은 전극봉이 양쪽 모재의 루트면 끝 부분까지 좁게 위빙한다. 용 가재는 일정하게 공급하여 용융물이 지속적으로 유지되게 한다.

그림 5-22 토치 위빙 방법   그림 5-23 용가재 공급 위치

⑥ 1차 용접 완료 후 모재 주변에 테이프를 완전히 제거하고, 와이어 브러쉬를 이용하여 깨끗이 닦은 후
  2차 용접 준비를 한다.

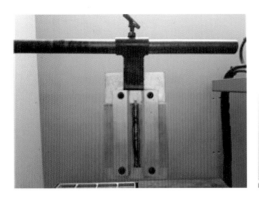

그림 5-24 1차 용접 시험편

2 · 2차 용접

① 2차 용접은 모재의 표면에서 약 0.5mm 낮게 채워준다. 이때 전류는 1차 용접 전류 보다 약 10A 정도
  높게 설정한다. 2차 용접은 1차 용접 보다 홈각도가 크기 때문에 용가재를 넓게 펼쳐 준다. 또한 용접
  속도가 느리면 비드가 산화 될 수 있어 이점을 주의해야 한다.

그림 5-25 2차 용접 방법

② 2차 용접 완료 후 표면 상태를 확인하여 산화가 발생했을 경우 깨끗이 닦고 3차 표면비드 용접을 준비 한다.

그림 5-26 2차 용접 시험편

3 · 3차 용접

① 3차 용접의 경우 세라믹 노즐을 7호, 8호를 사용하는 것을 추천한다. 표면 위빙에 있어 노즐의 직경이 넓어지면 위빙 속도를 조절하는 것이 용이하고 진행속도를 제어 할 수 있는 장점이 있다.

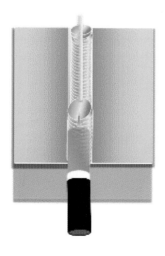

그림 5-27 3차 용접 방법

② 표면비드는 비드의 폭과 높이가 일정하게 용접하는 것이 중요하다. 표면비드 용접이 끝나면 주변을
정리한다.

ⓐ 수직 자세 표면비드

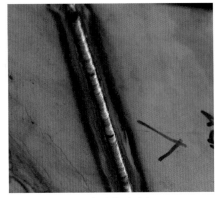

ⓑ 수직 자세 이면비드

그림 5-28 3차 용접 시험편

3 수평 자세 맞대기 용접하기

1 · 1차 용접(이면비드 용접)

① 이면 보호판을 수평 자세로 고정하고 모재 표면에 종이테이프 또는 알루미늄 테이프를 붙인 후 종이
테이프 종점을 떼어 아르곤가스를 약 20초간 주입한다.

그림 5-29 종이테이프 부착(모재표면)

그림 5-30 아르곤가스 퍼지

② 수평 자세의 경우 용접 진행각은 45°, 작업각은 90°를 유지하는 것이 바람직하다.

그림 5-31 수평 자세 토치 각도

③ 1차 이면비드 용접에서는 용접전류를 55~65A로 조정하고 세라믹 노즐은 5호, 6호를 선택한다. 세라 믹 노즐을 이면 보호판에 놓고 종이테이프 및 알루미늄테이프와 가용접부를 녹여 용융물을 만들고 용 가재를 공급하면서 진행한다.

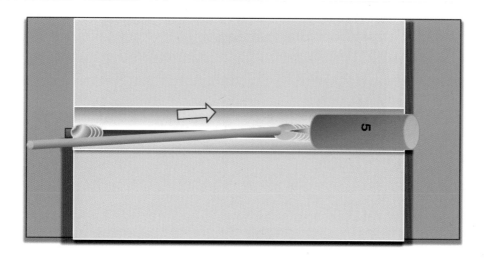

그림 5-32 수평 자세 시작부 처리

④ 용가재의 공급이 부족하면 열쇠구멍(key hole)이 커지게 된다. 용융물 형성이 끊어지지 않도록 연속적이고 규칙적으로 공급이 되도록 한다.

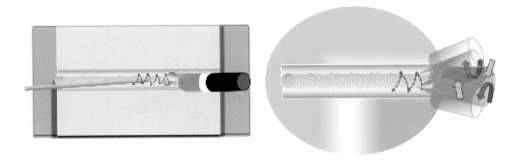

그림 5-33 1차 용접 방법

⑤ 1차 용접에서 비드의 두께는 모재의 30%정도를 채우며 표면 상태에 따라 산화된 부분은 깨끗이 닦고 2차 용접을 준비한다.

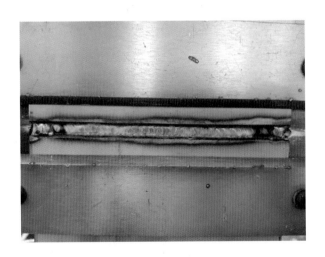

그림 5-34 1차 용접 시험편

2 · 2차 용접

① 1차 용접보다 넓은 비드의 용접을 해야 하며 용가재는 중심에서 약간 올려 주는 것이 좋다.

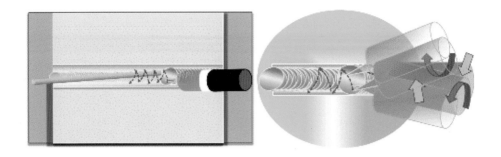

그림 5-35 2차 용접 방법

② 2차 용접 비드의 두께는 모재의 표면과 같거나 표면보다 약 0.5mm 낮게 용접한다.

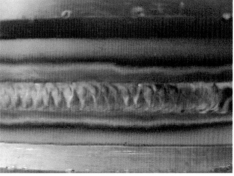

그림 5-36 2차 용접 시험편

3 · 표면비드 용접

① 3차 용접은 세라믹 노즐을 7호로 사용하고 비드의 폭과 높이를 일정하게 유지하며 용접을 진행한다.

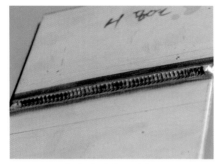
ⓐ 수평 자세 표면비드

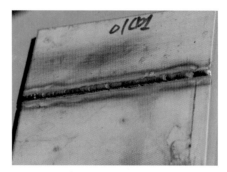
ⓑ 수평 자세 이면비드

그림 5-37 3차 용접 시험편

② 3차 용접이 끝나면 주변 상태를 정리하고 용접기 스위치를 OFF한다.

4 위보기 자세 맞대기 용접하기

1 · 1차 용접(이면비드 용접)

① 모재는 수평면이 평행으로 이면비드판에 고정한 후 머리 위에 설치하고 홈면이 충분히 보일 수 있도록 모재의 높낮이를 고정한다.
② 이면 보호판을 위보기 자세로 고정한 후 모재 표면에 종이테이프 또는 알루미늄 테이프를 붙인 후 종이테이프 종점을 때어 아르곤가스를 약 20초간 주입한다.

그림 5-38 종이테이프 부착(모재표면)

그림 5-39 아르곤가스 퍼지

③ 위보기 자세의 경우 용접 진행각은 45°, 작업각은 90°를 유지는 것이 바람직하다.

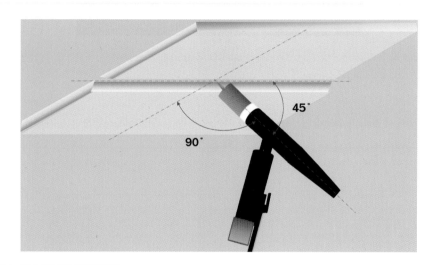

그림 5-40 수평 자세 토치 각도

④ 1차 용접에서 용접전류는 50~60A로 조정하고 세라믹 노즐은 5호, 6호를 선택하며 세라믹 노즐을 이
면 보호판에 놓고 종이테이프 및 알루미늄테이프와 가용접부를 녹여 용융물을 만들고 용가재를 공급
하면서 진행한다. 위보기 자세의 경우 전류가 높으면 1차 비드가 밑으로 처짐이 발생하기 때문에 높은
전류의 사용은 자제하는 것이 바람직하다.

그림 5-41 1차 용접 방법

⑤ 1차 용접에서 토치의 위빙방법은 루트 간격 사이에서 좁은 위빙으로 진행하며 용가재를 일정하게 공
급하여 용접풀이 지속적으로 유지될 수 있도록 한다.

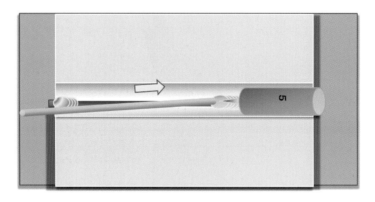

그림 5-42 1차 용가재의 공급

⑥ 1차 용접 완료 후 모재 주변에 테이프를 완전히 제거하고 와이어 브러쉬를 이용하여 깨끗이 닦고 2차 용접 준비를 한다.

2 · 2차 용접

① 2차 용접은 모재의 표면에서 약 0.5mm 낮게 채워준다. 이때 전류는 1차 용접 전류 보다 약 10A 정도 높게 설정한다. 2차 용접은 1차 용접 보다 홈각도가 크기 때문에 용가재를 넓게 펼쳐 준다. 또한 용접 속도가 느리면 비드가 산화 될 수 있어 이점을 주의해야 한다.

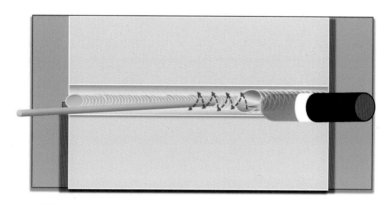

그림 5-42 1차 용가재의 공급

② 2차 용접 완료 후 표면 상태를 확인하여 산화가 발생했을 경우 깨끗이 닦고 3차 표면비드 용접을 준비한다.

3 · 3차 용접

① 3차 용접의 경우 세라믹 노즐을 7호, 8호를 사용하는 것을 추천한다. 표면 위빙에 있어 노즐의 직경이 넓어지면 위빙 속도를 조절하는 것이 용이하고 진행속도를 제어 할 수 있는 장점이 있다.

그림 5-44 위보기 자세 이면비드

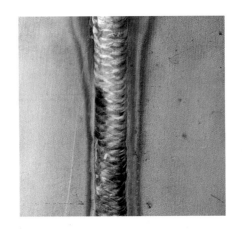

그림 5-45 위보기 자세 표면비드

CO_2용접 플럭스코어드 와이어

NCS기반 **용접산업기사** :

01 용접 재료 준비

1 모재 준비하기

1 · 용접 연습모재 준비하기

V형 맞대기 용접을 위한 용접시편을 준비한다. 용접산업기사 실기시험에 출제되는 모재는 일반 구조용 강재 SS400 재질을 사용하며 시험편의 규격은 t9 × 125w × 150L를 각각 사용하게 된다. 모재의 가공은 유압전단기 또는 레이저 절단방법을 이용하여 절단을 진행한 후 밀링가공, 가스절단 또는 그라인더 가공을 통해 30 ~ 35° 개선가공을 하게 된다. 하지만 본 교재에서는 이러한 가공 준비에 들어가는 시간을 줄이고자 그림 1-1과 같이 시중에서 판매되어지는 용접 압연시편을 준비하여 실습을 진행하였다.

① 용접 연습모재는 t9 × 30w × 150L 각각 5매를 준비한다.

그림 1-1 연습모재 준비

2 · 개선면 산화피막, 이물질 가공하기

① 용접 연습 모재인 압연시편의 베벨각에 산화피막을 제거하기 위하여 그라인더로 가공한다.

그림 1-2 개선면 산화피막 제거

3 · 모재 측정

용접게이지를 이용하여 개선 각도를 측정한다. 개선 각도는 30 ~ 35° 범위내로 한다.

그림 1-3 연습모재 측정

② 용접봉 준비하기

1 · 용접봉 준비하기

CO₂와이어는 크게 2가지로 나눌 수 있다. 용접산업기사 실기 시험에서 사용되는 CO₂ 용접 와이어는 솔리드 와이어이며 그 이외에 용접분야 실기 시험은 플럭스 코어드 와이어를 사용한다. 용접 와이어는 육안으로 쉽게 구별할 수 있으며, 확인 후 용접해야 한다. 그림 1-4 ⓐ는 특수용접기능사에서 사용되는 솔리드 와이어이고, 그림 1-4 ⓑ는 그 이외에 용접분야 실기 시험에서 사용되는 플럭스 코어드 와이어이다.

ⓐ 솔리드 와이어   ⓑ 플럭스 코어드 와이어

그림 1-4 CO₂ 용접용 와이어

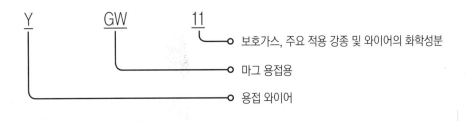

그림 1-5 CO₂ 용접 와이어 기호

3 치공구 준비하기

1 · 치공구 준비하기

① 용접 연습에 필요한 치공구는 그림 1-6과 같이 ⓐ 플라이어는 주로 뜨거운 모재를 잡는 용접 집게의
용도로 사용하며 ⓑ의 자석은 루트 간격을 설정하는데 모재를 고정할 때 사용한다. ⓒ는 강철자이며,
ⓓ는 와이어 브러쉬로 이면 및 표면비드를 닦는데 사용한다. ⓔ는 줄이며 개선면 및 루트면을 가공할
때 사용하고 ⓕ는 슬래그 해머로 슬래그를 제거 할 경우 사용한다.

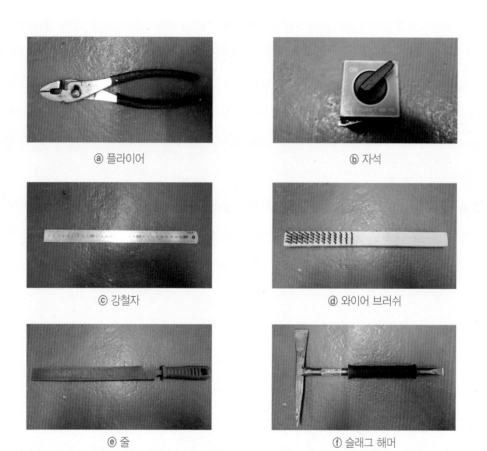

ⓐ 플라이어   ⓑ 자석

ⓒ 강철자   ⓓ 와이어 브러쉬

ⓔ 줄   ⓕ 슬래그 해머

그림 1-6 용접 치공구 종류

02 용접 장비 준비

1 용접 장비 설치하기

CO_2용접 장비의 구성을 나타낸 것으로 주요 장치에는 용접전원(power source), 제어장치(controll unit), 보호가스 공급 장치(shield gas supply unit), 용접 토치(Welding Torch), 와이어 송급장치(Wire Feeder) 가 있다.

1 · CO_2 용접 장비 설치하기

CO_2 용접 장비의 설치 장소는 다음과 같다.
　① 습기와 먼지가 없거나 적은 곳에 설치한다.
　② 바닥이 수평이고 견고한 곳에 설치한다.
　③ 벽에서 300mm 떨어진 곳에 설치한다.
　④ 주위온도가 −10 ~ 40℃를 유지하는 곳에 설치한다.
　⑤ 비나 바람이 없는 곳에 설치한다.

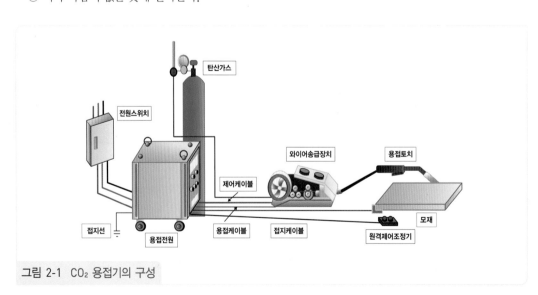

그림 2-1 CO_2 용접기의 구성

2 · CO₂ 용접 전면에 케이블 연결하기

CO_2 용접기 전면에는 접지케이블, 토치케이블, 가스호스, 전원케이블로 구성되어 있다. 용접기마다 전면
케이블 연결 구성이 다르기 때문에 케이블 연결을 확인한다.

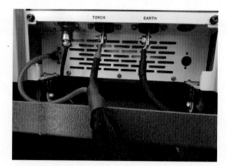

ⓐ P사 용접기 2차 케이블 연결ㅤㅤㅤㅤㅤㅤⓑ S사 용접기 2차 케이블 연결

그림 2-2　CO_2 용접기 2차 케이블 연결

2 CO₂ 용접 토치 구성하기

1 · CO₂ 용접 토치의 구성

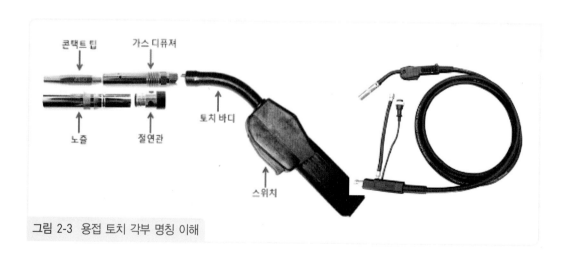

그림 2-3　용접 토치 각부 명칭 이해

용접 토치의 부품별 기능

① 토치 바디(Torch Body) : 토치 손잡이로부터 아크 발생 지점까지의 거리를 만들어 용접 시 용접부의 복사열이 손에 닿는 것을 방지하기 위함이며, 구조를 단순하고 유연성이 없도록 하여 용접사가 요구하는 데로 토치 끝단을 움직일 수 있도록 해야 한다.

② 절연관(Insulator) : 토치 바디와 노즐을 연결하는 중간 부품으로 기계적으로는 연결이 확실하게 되지만, 전기적으로는 완전히 절연되어야 하고, 노즐을 지지하며 용접열을 노즐로부터 간접적으로 받게 되므로, 절연성, 내열성, 강도를 모두 만족시키는 구조, 재질을 사용해야 한다.

③ 가스 디퓨져(Gas Diffuser) : CO₂ 용접기로부터 공급되는 탄산가스를 가스 디퓨져를 통해 모재까지 전달된다. 가스 디퓨져 홀은 정확히 가공되어야 하며 막힘이 없어야 한다.

④ 콘택트 팁(Contact Tip) : 토치 바디 및 가스 디퓨져를 통해 팁 까지 전달되는 전력을 와이어에 전달하고 와이어를 용접사가 요구하는 위치까지 안내하는 역할을 하며 정확한 팁 내경과 내마모성이 우수한 재질로 만들어져야 한다.

⑤ 노즐(Nozzle) : 토치 바디를 통해 공급되는 CO₂가스를 용접부까지 안내하여 용접부 용융 금속 전체 부위를 균일하게 보호할 수 있도록 분산공급하며, 용접 아크 부위 가까이까지 접근하므로 내열성이 우수한 재질이어야 한다. 또한 노즐에 흡수된 열을 빨리 방출할 수 있도록 열전도율이 좋아야 하고, 용접중 스패터가 잘 붙지 않아야 한다.

3 · CO₂ 용접 와이어 교체

CO₂용접에서 플럭스코어드 와이어와 솔리드 와이어를 교체하는 방법 같다.

① 그림2-4 ⓐ와 같이 교체할 와이어 송급 장치를 준비하고 와이어 송급 장치에 와이어 방향이 밑으로 향하게 부착한다.

ⓐ 와이어 송급 장치 준비　　　　　ⓑ 와이어 부착

그림 2-4 와이어 부착 준비

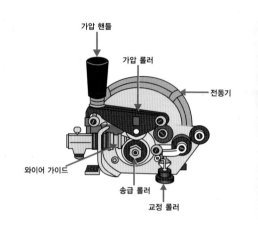
② 와이어 송급 롤러에 와이어를 통과 시켜 와이어 가이드에 넣는다.

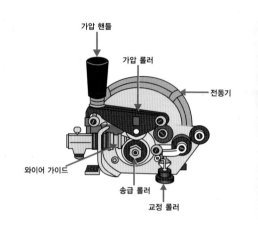

그림 2-5 와이어 가이드에 와이어 삽입

③ 가압 핸들을 올려 끼운 후 용접 토치의 콘택트 팁을 뺀다. 이는 와이어가 송급하면 토치 끝에 걸려 나오지 않기 때문이다.

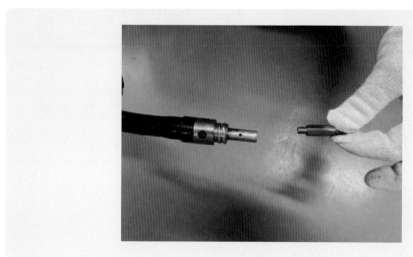

그림 2-6 콘택트 팁 분리

④ 인칭 스위치를 눌러 와이어를 토치로 송급 시킨다. 전류를 높이 설정하면 와이어의 송급속도는 빨라
진다.

그림 2-7 인칭 스위치

그림 2-8 와이어 위치 확인

⑤ 와이어가 용접 토치 끝으로 나오면 콘택트 팁과 노즐을 장착한다.

그림 2-9 콘택트 팁 조립

그림 2-10 노즐 조립

4 용접 장비 시운전하기

CO_2 용접 장비 시운전 하는 방법은 다음과 같다.

① CO_2 용접기의 메인 스위치를 ON 하고 용접 장비도 ON 한다.

그림 2-11   메인 스위치

ⓐ P사 용접기 전원

ⓑ S사 용접기 전원

그림 2-12 CO_2 용접기 전원

② 가스 밸브를 열고 가스 유량을 확인한다. 가스 유량은 유량 조절 밸브를 조절하여 $10 \sim 15 \ \ell / min$으로 설정한다.

그림 2-13 가스 밸브

그림 2-14 가스 유량 조절

③ 가스 공급 체크 및 유량을 확인하기 위해 용접기의 가스 체크 버튼을 누른다. 용접 토치 스위치를 눌러도 가스 체크 및 유량 확인이 가능 하지만 와이어 송급 및 가스가 발생되기 때문에 용접기의 가스체크 버튼을 누르는 것이 경제적이다.

ⓐ P사 용접기 가스 체크

ⓑ S사 용접기 가스 체크

그림 2-15 CO₂ 가스 체크

④ 용접기의 크레이터 설정을 한다.

ⓐ P사 용접기 크레이터

ⓑ S사 용접기 크레이터

그림 2-16 CO₂ 용접기 크레이터 조작

⑤ 아크 발생을 위해 전압 및 전류를 설정한다.

ⓐ P사 전류 전압 조정 노브

ⓑ S사 전류 전압 조정 노브

그림 2-17 CO₂ 용접기 전류 및 전압 설정

⑥ 전류 200 ~ 220A, 전압 24V ~ 26V로 설정한 후 아크를 발생시켜 본다. 전류와 전압은 용접기 마다 차이가 있다.

그림 2-18 아크 발생

5 CO₂ 용접 장비 점검 및 정비하기

CO₂용접기 이상 시 간단한 점검 및 정비 방법은 다음과 같다.

1 · 아크가 발생되지 않는다.

고장 원인	보수 및 정비 방법
메인 또는 용접기 전원 스위치가 OFF되어 있다.	전원 스위치를 ON(접속)한다.
FUSE가 단락되었다.	전원을 점검하고 이상 없으면 FUSE를 교환한다.
토치 또는 모재측 케이블 불량 또는 단선	접지선을 모재에 연결한다. 전선 단락의 경우 전선을 연결한다.
이상 표시등에 불이 들어와 있다.	기기의 이상 유무를 점검한다.
제어 케이블 단선, 전자 접촉기 릴레이 작동 불량으로 와이어 송급이 안된다.	케이블 점검, 교환, 릴레이 접점 청소, 교환한다.
PCB 접촉 불량	PCB를 교체한다.

표 5-1 고장 원인에 따른 보수 및 정비 방법

2 · 전류, 전압 조정이 안 된다.

고장 원인	보수 및 정비 방법
전류, 전압 조정 VR(노브)가 불량하다.	전류, 전압 조정 VR(노브)를 교체한다.
PCB 접촉 불량	PCB를 교체한다.
전원 케이블이 단선되어 있다.	전원 케이블을 점검하고 정비한다.

표 5-2 고장 원인에 따른 보수 및 정비 방법

3 · 가스가 계속 방류된다.

고장 원인	보수 및 정비 방법
가스점검(시험, 가스조정)스위치가 선택되어 있다.	점검을 용접으로 전환한다.
가스 전자 밸브에 이상이 있다.	가스 전자 밸브를 교환한다.
PCB 기판에 이상이 있다.	용접기 전원, PCB를 점검 및 교환한다.

표 5-3 고장 원인에 따른 보수 및 정비 방법

4 · 가스가 나오지 않거나 불량하다.

고장 원인	보수 및 정비 방법
메인 또는 용접기 전원 스위치가 OFF되어 있다.	전원 스위치를 ON한다.
압력용기에 가스가 없거나 밸브(유량밸브)가 닫힘	가스 용기를 교환 또는 용기 밸브(유량계)를 연다.
FUSE가 단락, 또는 전원 스위치가 OFF되어 있다.	전원을 점검하고 이상 없으면 FUSE 점검, 교환
전자밸브가 작동되지 않는다.	전자밸브 점검, 교환
가스 호스가 터지거나 막힘	가스 호스 점검, 교환
유량계 작동 불량, 고장	유량계 수리, 교환
PCB 접촉 불량	PCB를 교체한다.

가스 압력이 너무 높거나 낮음	압력을 조절한다.
CO_2조정기의 가열기가 결빙되어 있다.	가열기 전원 점검, 수리, 교환

표 5-4 고장 원인에 따른 보수 및 정비 방법

5 · 토치 스위치를 ON해도 와이어가 송급 안되거나 통전되지 않는다.

고장 원인	보수 및 정비 방법
토치 스위치 고장 또는 접촉 불량	스위치 점검, 청소, 교환
와이어가 팁 끝에 단락됨	팁 끝을 줄로 갈아서 단락부 제거 또는 팁 교환
PCB 기판 불량	PCB 점검, 교환
팁, 노즐의 체결 불량 등으로 전기 접촉 불량	팁을 확실히 조임, 또는 교환
스패터 및 불순물이 팁 구멍을 막음	팁 구멍을 팁 크리너, 줄로 청소

표 5-5 고장 원인에 따른 보수 및 정비 방법

6 · 인칭 스위치를 눌러도 와이어 송급이 안 된다.

고장 원인	보수 및 정비 방법
제어 케이블 단선, PCB 불량	제어 케이블 및 PCB 점검, 결선, 또는 교환
전류가 너무 낮게 조절되어 있다.	전류를 높임
송급 모터 및 휴즈 고장	송급 모터 점검, 수리, 교환
스패터 및 불순물이 팁 구멍을 막음	팁 구멍을 팁 크리너, 줄로 청소

표 5-6 고장 원인에 따른 보수 및 정비 방법

03 가용접하기

1 가용접 준비하기

CO_2 용접을 하기 위하여 가용접 단계에서 모재 가공 및 준비 작업을 해야 한다. 가용접은 일반적으로 맞대기 용접을 위해 루트면을 가공하고 모재와 모재의 루트 간격을 고정하기 위하여 시작부와 끝부분에 가용접을 한다. 맞대기 용접에서는 이면비드를 형성하는데 중요한 요소이다.

① 가용접 작업에서 필요한 CO_2용접(플럭스 코어드 와이어) 작업에 필요한 치공구를 준비한다.
② 가용접 작업에서 중요한 CO_2용접(플럭스 코어드 와이어) 작업 안전 보호구를 착용한다.

2 가용접 작업하기

용접기를 조작하는 방법은 기기마다 약간의 차이가 있다. 용접기의 조작 방법에 따라 조작하는 기능은 같다. CO_2 용접기 조작 방법은 다음과 같다.

① 분전반에 CO_2 용접기의 메인 스위치 ON 하고, CO_2 용접기의 전원 ON을 한다.

ⓐ P사 CO_2 용접기

ⓑ S사 CO_2 용접기

그림 3-1 CO_2 용접기 전원 ON

② 가스 밸브를 열고 가스 유량을 확인하다.
　　– 용접기의 가스체크 기능을 사용하면 가스 유량을 설정하는데 편리하다.
　　– 가스 유량은 10 ~ 15 ℓ /min으로 설정한다.

그림 3-2 가스 밸브 ON

그림 3-3 가스 유량 조절

④ 크레이터를 무로 설정한다.
　　– 가용접에서 짧은 용접으로 크레이터를 무로 설정하는 것이 좋다.
　　– 용접기마다 크레이터를 조작하는 방법에 차이가 있다.
　　– 크레이터 무로 설정 시 크레이터 전류는 무시하여도 된다.

ⓐ P사 CO₂ 용접기 크레이터 조작

ⓑ S사 CO₂ 용접기 크레이터 조작

그림 3-4 크레이터 설정 조작

⑤ 가공된 모재를 준비하고 루트 간격을 표1과 같이 설정한다. 그림 3-5와 같이 가용접에서 시작부와 끝부
　분을 세라믹 백킹제를 한 칸 붙여주고 가접하면 용락을 방지 할 수 있다.

자세	루트면 가공(mm)	루트 간격(피복아크 용접봉 기준)
아래보기(F)	–	Ø4 용접봉 피복 기준
수직(V)	2	Ø4 용접봉 심선 기준
수평(H)	2	Ø3.2 용접봉 피복 기준

표 1 자세에 따른 루트 간격 설정

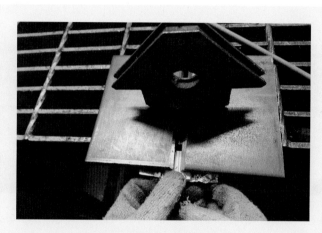

그림 3-5 루트 간격 고정

⑥ 용접전류와 전압을 설정한 후 시작부와 종점에 가용접을 한다. 이때 가용접의 길이는 20mm 이내로 하며, 가용접의 두께는 모재 두께의 50% 이내로 한다.

그림 3-6 가용접

- 가용접은 한쪽 모재의 개선각에 아크를 발생시켜 용착금속을 형성한 후 다른 한쪽으로 이동하고 약 20mm정도 지그재그로 위빙하여 가용접을 한다.
- 한 쪽의 가용접이 끝나면 다른 한 쪽도 가용접을 한다. 열에 의한 수축이 발생할 수 있어 루트 간격의 확인은 필수 사항이다.

⑥ 가용접이 완료되면 이면과 표면에 슬래그와 스패터를 제거하고, 가용접 비드를 깨끗이 와이어 브러쉬를 이용하여 닦아준다.

그림 3-7 슬래그 제거

그림 3-8 비드 청소

04 비드쌓기

1 아래보기 자세 비드쌓기

CO_2용접을 하기 위해서 비드쌓기는 기본이라 할 수 있다. 용융지를 확인하고 용접전류 및 전압의 올바른 설정 값을 파악할 수 있다. 또한 용접 비드의 폭과 높이를 일정하게 유지하는 용접 방법을 습득한다. 연습을 충분히 하는 것이 아래보기 맞대기 용접을 하는데 있어 시간을 절약할 수 있다.

1 · 모재 준비

① 연강판에 약 10 ~ 15mm의 선을 긋는다.
  - 석필이나 금긋기 바늘을 이용하여 선을 긋는다.
  - 선은 한 줄로 긋고 용접 후 다음 용접할 선을 긋는다. 미리 선을 그어 놓으면 용접 도중 선이 지워 질 수 있으니 한 줄씩 긋고 비드쌓기 연습을 한다.
  - 모재의 양쪽에서 약 10mm 안쪽으로 선을 긋는다.

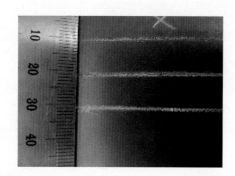 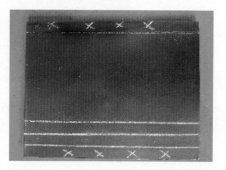

그림 4-1 모재 용접선 긋기

2 · 아래보기 자세 비드쌓기 방법

- 비드 폭 : 10 ~ 15mm

- 비드의 높이 : 2.5mm 이내

- 용접 전류 및 전압 : 200 ~ 220A, 24V ~ 26V, 용접기마다 차이가 있음

그림 4-2 비드쌓기 비드 폭, 높이

① 용접 지그를 이용하여 모재를 허리정도의 높이로 고정시킨다.

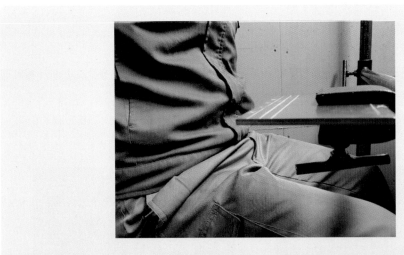

그림 4-3 아래보기 자세 모재 고정

② 용접 와이어의 돌출길이는 약 10 ~ 15mm이며, 토치의 각도는 진행각 70 ~ 80°, 작업각이 90°를 유지한다.

그림 4-4 와이어 돌출길이와 토치의 각도

③ 모재의 약 10mm 앞에서 아크를 발생시키고 와이어 길이는 10 ~ 15mm로 하여 시작부로 이동하여 용접을 진행한다.

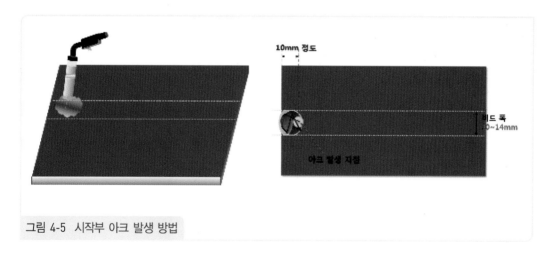

그림 4-5 시작부 아크 발생 방법

④ 용접 위빙은 비드 폭의 양끝에서 머물러 주고 용융상태를 보면서 위빙의 폭과 피치를 일정하게 유지하며 용접한다. 용접 와이어는 선 밖으로 벗어나지 않도록 용접을 해야 하며, 와이어의 돌출길이가 일정하게 유지되도록 용접을 진행한다.

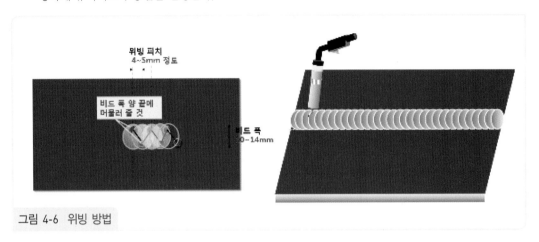

그림 4-6 위빙 방법

⑤ 아크를 중단해서는 안 되며 용접의 끝부분에 도달하면 아크 발생을 중단하고 즉시 아크 발생을 하여 크레이터 처리를 한다.

3 · 용접 조건 설정

① 전압과 비드의 형상(전류가 일정 할 때)

　－ 용접 조건에서 용접 전류가 일정하고 전압이 높을 경우 비드가 용접 길이 방향으로 길고 높게 형성되고 전압이 낮은 경우 비드 폭은 작고 비드가 높게 형성된다.

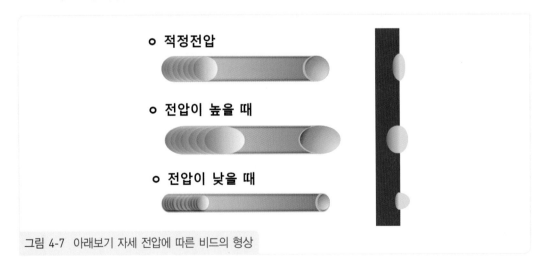

그림 4-7 아래보기 자세 전압에 따른 비드의 형상

② 토치 진행각의 비드의 형상

　– 용접 토치의 진행각이 모재에서 작은 경우 용접비드가 용접선의 길이 방향으로 길게 형성되기 때
　　문에 각도가 중요하다.

ⓐ 정상 용접 토치의 각도　　　　　　ⓑ 비정상 용접 토치의 각도

그림 4-8　아래보기 자세 토치 각도에 따른 비드의 형상

③ 위빙과 비드의 형상

　– 위빙 폭과 피치가 불규칙할 경우 비드의 폭과 높이가 일정하게 형성되지 않는다.

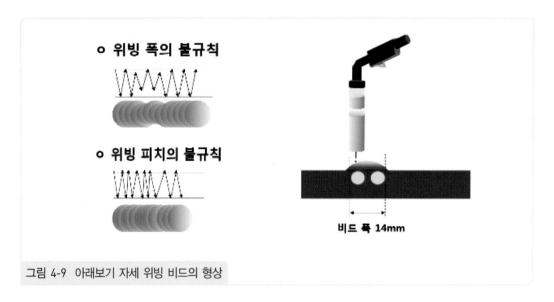

그림 4-9　아래보기 자세 위빙 비드의 형상

2 수직 자세 비드쌓기

1 · 수직 자세 비드쌓기 방법

- 비드 폭 : 10 ~ 15mm
- 비드의 높이 : 2.5mm 이내
- 용접 전류 및 전압 : 200 ~ 220A, 24V ~ 26V, 용접기마다 차이가 있음

① 용접 지그를 이용하여 모재를 허리에서 가슴정도 높이로 고정시킨다.

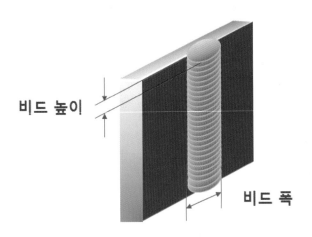

그림 4-10 수직 자세 비드 폭과 높이

그림 4-11 수직 자세 모재 고정

② 용접 와이어의 돌출길이는 약 10 ~ 15mm이며 토치의 각도는 진행각 85 ~ 90°, 작업각이 90°를 유지한다.

③ 아크 발생은 모재 시작점의 약 10mm 앞에서 아크를 발생 시키고 용접 와이어 돌출길이는 10 ~ 15mm 하여 시작부로 이동하여 용접을 진행한다.

④ 용접 위빙은 비드 폭의 양끝에서 머물러 주고 용융 상태를 보면서 위빙의 폭을 일정하게 유지하며 피치는 약 3mm 정도 간격으로 용접한다.

그림 4-12 수직 자세 진행각과 작업각

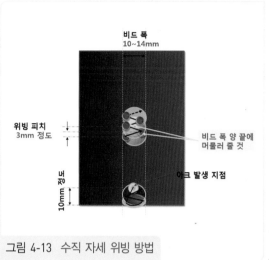

그림 4-13 수직 자세 위빙 방법

2 · 용접 조건 설정

① 용접 전류와 비드의 형상(전압이 일정 할 경우)
  – 수직 자세에서 용접 전압이 일정하고 전류가 높을 경우 용입이 깊고, 용접 길이 방향으로 비드가 길게 형성되며, 비드가 높고 전압이 낮을 경우 용입이 낮고 비드가 높아진다.

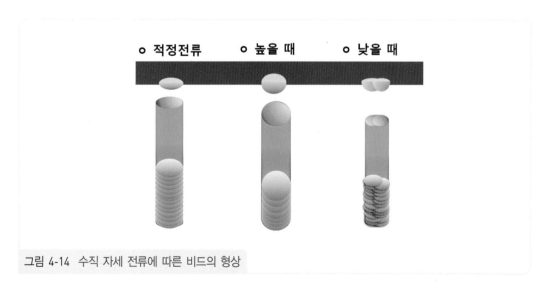

그림 4-14 수직 자세 전류에 따른 비드의 형상

② 용접 토치 각도에 따른 비드의 형상

   – 진행각이 90°보다 낮은 경우 비드 폭이 길게 형성된다. 용접 토치의 각도는 모재와 토치가 90°를 유지하는 것이 가장 이상적이다.

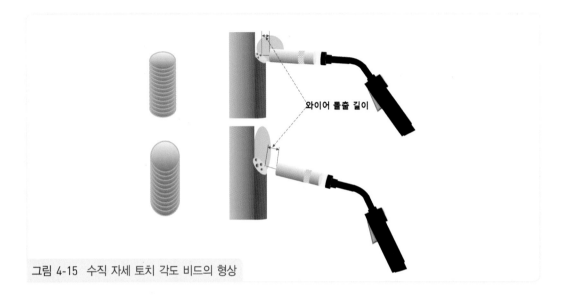

그림 4-15   수직 자세 토치 각도 비드의 형상

③ 위빙과 비드의 형상

   – 토치의 위빙에서 폭과 피치가 일정하지 않다.

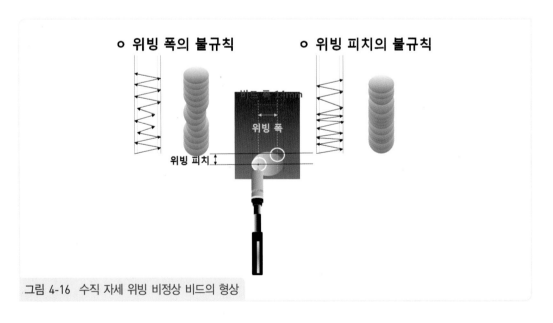

그림 4-16   수직 자세 위빙 비정상 비드의 형상

3 수평 자세 비드쌓기

1 · 수평 자세 비드쌓기 방법

- 비드 폭 : 8 ~ 10mm
- 비드의 높이 : 2.5mm 이내
- 용접 전류 및 전압 : 200 ~ 220A, 24V ~ 26V, 용접기마다 차이가 있음

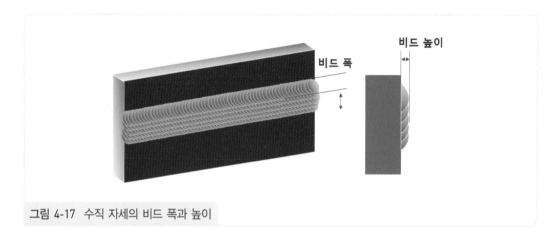

그림 4-17 수직 자세의 비드 폭과 높이

① 용접 지그를 이용하여 모재를 허리에서 가슴정도 높이로 고정시킨다.

그림 4-18 수평 자세 모재의 고정

② 용접 와이어의 돌출길이는 약 10 ~ 15mm이며 토치의 각도는 진행각 85 ~ 90°, 작업각이 85 ~ 90°를 유지한다.

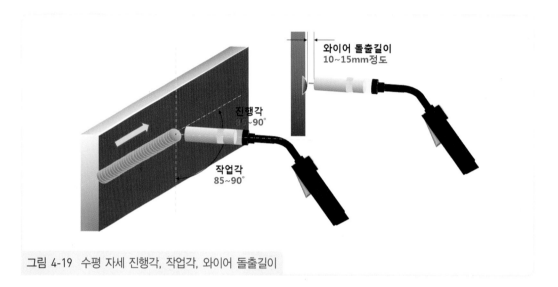

그림 4-19 수평 자세 진행각, 작업각, 와이어 돌출길이

③ 용융지 위쪽에서 머물러 앞쪽 용융지의 크기와 같게 용융지를 만들고 그 용융지 아래 끝 쪽으로 이동하고 약간 빠르게 위로 이동을 반복한다.

④ 용접 위빙은 비드의 폭의 양끝에서 머물러 주고 용융 상태를 보면서 위빙의 폭을 일정하게 유지하며 위빙 피치는 약 3mm 정도 간격으로 용접한다.

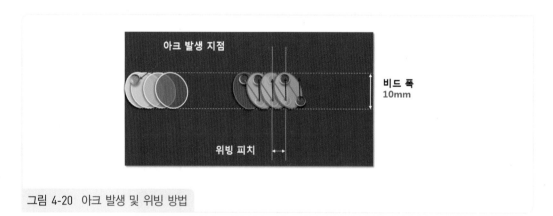

그림 4-20 아크 발생 및 위빙 방법

2 · 용접 조건 설정

① 용접 전압과 비드의 형상(전류가 일정 할 경우)

　– 용접 전압이 필요 이상으로 높은 경우 스패터 발생이 많고 비드 모양이 밑으로 처진다. 반면, 용접 전압이 낮으면 비드 폭은 좁고 비드의 높이는 높게 형성된다.

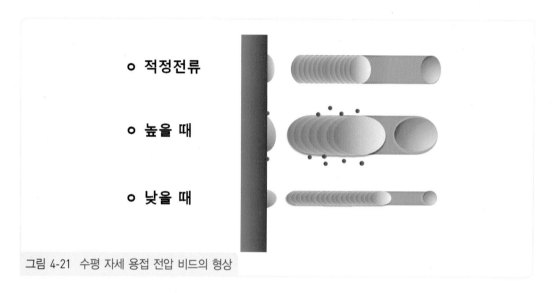

그림 4-21 수평 자세 용접 전압 비드의 형상

② 토치 각도에 따른 비드의 형상

　– 수평 자세에서 진행각이 85 ~ 90° 보다 작은 경우 비드 모양은 용접 길이 방향으로 길게 형성된다.

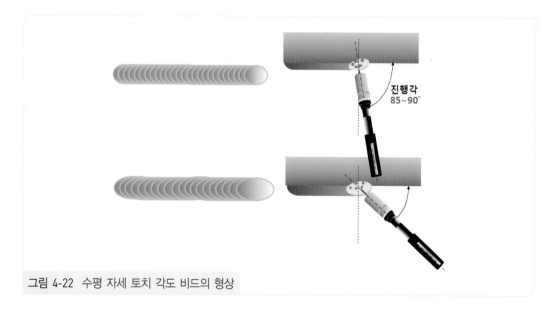

그림 4-22 수평 자세 토치 각도 비드의 형상

③ 와이어 돌출길이와 비드의 형상

    – 와이어의 돌출길이가 길면 스패터 발생은 많아지고 비드의 폭이 넓게 형성된다.

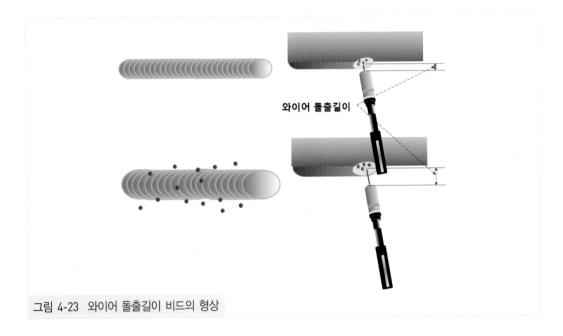

그림 4-23 와이어 돌출길이 비드의 형상

05 자세별 맞대기 용접하기

1 아래보기 자세 맞대기 용접하기

1 · 1차 용접하기(이면비드 용접)

① 용접에 필요한 공구를 준비하고 안전보호구를 착용한다.

② 가접된 모재 아래보기 자세로 용접지그에 고정한다.

③ 용접기의 전류 및 전압을 설정한다.(용접기 마다 차이가 있음.)

　– 용접 전류: 200 ~ 220A, 용접전압 : 24 ~ 26V

　– 용접 전류와 전압을 설정하기 위해서는 맞대기 연습용 모재를 준비한 후, 참고 값을 기준으로 설정
한다. 연습용 모재에 1차 이면비드 용접 후 검사하여 이면비드의 형상을 확인한다. 용입이 안 된 경
우 용접 전압과 전류를 높여 연습용 모재에 반복하여 용접한다. 이 과정을 통해 적정 용접전압과 전
류를 찾을 수 있다. 단, CO_2용접에서 맞대기 용접을 완료하는 시간이 정해져 있으며, 시간을 확인
하며, 연습용 모재를 사용하는 것이 좋다.

④ 용접 토치의 노즐 안을 확인하여 스패터를 제거한다.

　– 용접 토치의 노즐 안에 스패터가 많이 부착되면 탄산가스가 용융지를 보호 할 수 없고 와이어 공
급이 잘 안되며, 용접 결함이 발생한다. 용접 시작에 앞서 노즐 안을 봉을 사용하여 깨끗이 청소해
야 한다.

ⓐ 노즐 안 스패터 확인 　　　　　　　　　　　　ⓑ 노즐 안 스패터 제거

그림 5-1　용접 토치 노즐 확인

⑤ 가접한 모재에 세라믹 백킹재를 부착한다. 이때 세라믹 백킹재의 빨간선이 맞대기 용접 중앙에 부착한다.

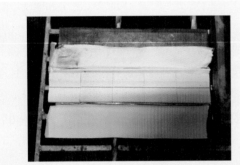

ⓐ 세라믹 백킹재 　　　　　　　　　　　　　　ⓑ 세라믹 백킹제 부착

그림 5-2　맞대기 시험편에 세라믹 백킹재 부착

⑦ 이면비드 용접에서는 크레이터 처리를 무로 설정하여 용접한다.

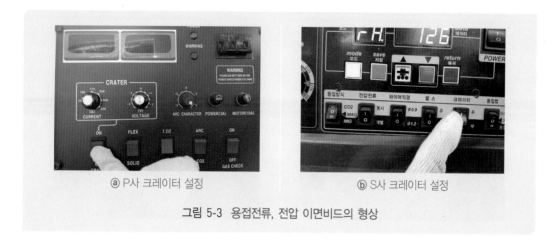

ⓐ P사 크레이터 설정   ⓑ S사 크레이터 설정

그림 5-3 용접전류, 전압 이면비드의 형상

⑧ 맞대기 시험편을 아래보기 자세로 고정한 후 용접전류와 전압을 설정하고 이면비드를 용접한다. 이면비드의 용착량은 30%정도로 용착금속을 형성한다.

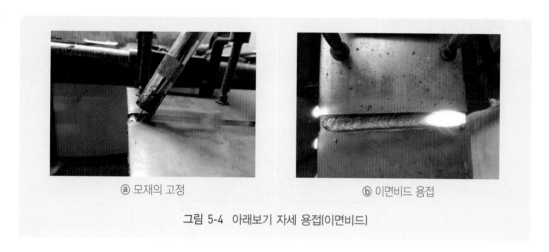

ⓐ 모재의 고정   ⓑ 이면비드 용접

그림 5-4 아래보기 자세 용접(이면비드)

⑧ 이면비드 용접 후 서랭하여 완전 냉각되면 슬래그를 제거한다. 만약 냉각되지 않은 상태에서 슬래그 해머를 사용하여 슬래그를 제거할 경우 이면비드 용접에서 표면비드에 해머자국이 발생할 수 있고 슬래그 제거가 되지 않는다. 이면에 부착된 세라믹 백킹재도 제거한다.

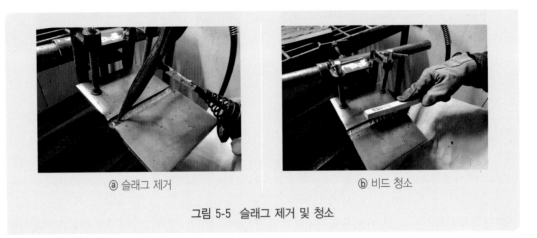

ⓐ 슬래그 제거   ⓑ 비드 청소

그림 5-5 슬래그 제거 및 청소

2 · 2차 용접하기(중간층)

① 1차 용접이 끝나면 표면을 와이어 브러쉬를 이용하여 깨끗이 닦아준다.
② 용접 전류와 전압은 각각 약 10 ~ 20A, 1 ~ 2V 높여 설정한다.

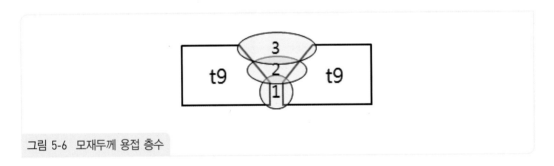

그림 5-6 모재두께 용접 층수

③ 노즐 안은 스패터의 부착량을 확인하여 스패터를 제거한다.

④ 2차 용접의 용착은 모재의 표면으로부터 1mm 정도 낮게 용접하고 비드의 개선각을 충분히 녹여 볼록 비드가 형성되지 않게 한다.

그림 5-7 2차 용접 용착량

3 · 3차 용접하기(표면비드 용접)

① 모재의 두께 t9인 경우에 해당하며, 2차 용접 후 와이어 브러쉬를 이용하여 2차 용접의 표면을 깨끗이 닦아준다.
② 용접 전류와 전압은 2차와 같이 사용하고 용접 시작점에서 아크를 발생하여 용융 풀을 형성한 후 위빙한다.
③ 위빙은 모재의 개선각 끝 모서리에서 약 2초간 머물러 주며 용접을 진행한다.

그림 5-8 표면비드 위빙 방법

④ 표면비드 용접이 끝나면 이면비드와 표면비드를 치핑해머, 와이어 브러쉬를 이용하여 깨끗이 닦는다.

그림 5-9 표면비드

그림 5-10 이면비드

2 수직 자세 맞대기 용접하기

1 · 1차 용접하기(이면비드 용접)

① 수직 자세도 아래보기 자세와 마찬가지로 가접된 맞대기 시험편에 경우 모재를 수평면에 대하여 수직으로 고정한다.

그림 5-11 세라믹 백킹재 부착

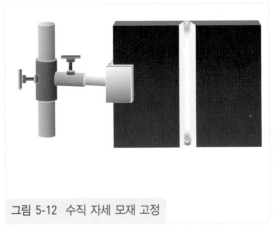

그림 5-12 수직 자세 모재 고정

② 용접 토치의 각도는 진행각 100 ~ 105°, 작업각 90°를 유지한다.

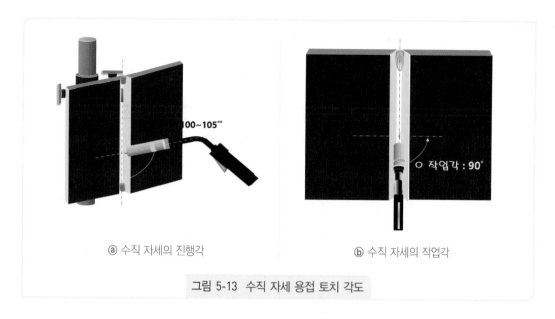

ⓐ 수직 자세의 진행각   ⓑ 수직 자세의 작업각

그림 5-13 수직 자세 용접 토치 각도

③ 용접 전류와 전압를 각각 200 ~ 220A, 전압 24 ~ 26V로 설정하고 1차 이면비드 용접을 한다. 와이어 돌출길이는 10 ~ 15mm를 유지하고 루트면과 루트면 사이에서 좁은 위빙을 하여 용착금속을 형성한다.

그림 5-14 수직 자세의 용접

④ 1차 용접이 끝나면 표면비드를 와이어 브러쉬를 이용하여 깨끗이 닦고 홈 각도 및 용접 토치 노즐안
   에 생성된 스패터를 제거한다.

그림 5-15 1차 용접

2 · 2차 용접하기(표면비드)

① 용접 전류 및 전압은 각각 220 ~ 250A, 전압 25 ~ 28V로 설정하고 비드 양쪽의 개선각을 충분히
   표면비드로 형성한다.
② 홈 각도의 모서리는 자연적으로 용접선이 된다.
③ 그림 5-17과 같이 2차 용접에서 진행각과 작업각은 90°로 유지한다.

④ 수직 자세 용접이 완료되면 공기 중에서 충분히 냉각 시킨 후 슬래그를 제거한 후 와이어 브러쉬를 사용하여 표면과 이면비드를 깨끗이 닦은 후 제출한다.

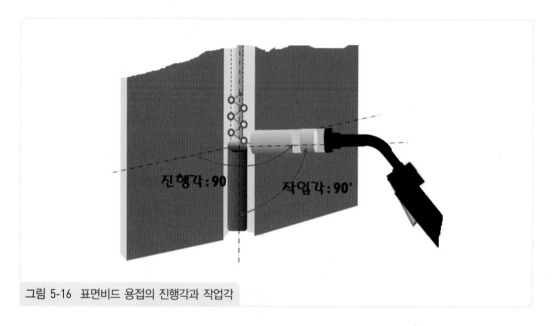

그림 5-16 표면비드 용접의 진행각과 작업각

ⓐ 수직 자세의 표면비드   ⓑ 수직 자세의 이면비드

그림 5-17 표면비드 용접의 진행각과 작업각

3 수평 자세 맞대기 용접하기

1 · 1차 용접하기(이면비드 용접)

모재의 이면에 세라믹 백킹재를 부착한 후 모재를 수평면에 대하여 수직으로 고정하고 용접선은 수평이 되도록 한다.

그림 5-18 수평 자세 모재 고정

② 용접 토치의 각도는 진행각 85 ~ 90°, 작업각 85 ~ 90°을 유지한다. 용접 진행 중 키 홀이나 용접봉의 편심에 의해 형성되는 용융지의 위치에 따라 각도를 조절한다.

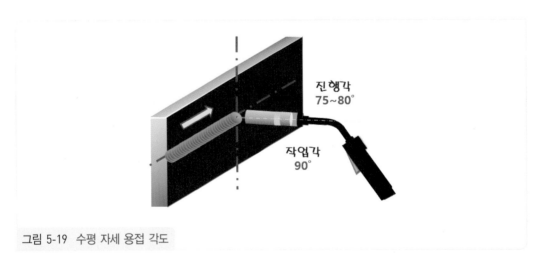

진행각
75~80°

작업각
90°

그림 5-19 수평 자세 용접 각도

③ 용접 전류와 전압을 200 ~ 220A 정도, 전압 24 ~ 26V로 설정하고 1차 이면비드 용접을 한다. 와이어 돌출길이는 15 ~ 20mm를 유지하고 루트면과 루트면 사이에서 위빙하여 양끝에서 잠깐 머물러 용착금속을 형성한다.

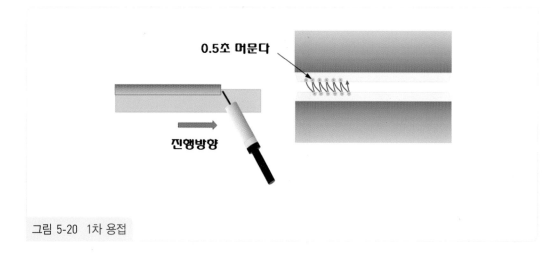

0.5초 머문다

진행방향

그림 5-20 1차 용접

④ 1차 용접이 끝나면 표면비드를 와이어 브러쉬를 이용하여 깨끗이 닦고 홈 각도 및 용접 토치의 노즐 안에 생성된 스패터를 제거한다.

그림 5-21 슬래그 제거

2 · 2차 용접하기

그림 5-22 2차 용접

① 2차 용접의 전류 및 전압은 250 ~ 280A, 전압 25 ~ 27V 보다 높게 설정하고 비드 양쪽의 개선각을 약간 크게 하여 볼록 비드가 형성되지 않도록 한다.

② 모재의 표면에서 약 1 ~ 2mm 낮게 2차 용접 비드를 형성한다.

③ 2차 용접이 완료되면 스패터를 제거하고 와이어 브러쉬로 깨끗이 닦는다.

그림 5-23 2차 용접

3 · 3차 용접하기

① 표면비드 용접하기

- 홈의 아래 안 부분을 1mm 정도 채워 주면서 위빙한다.
- 위빙 피치를 일정하게 하고 형성되는 용융 풀의 크기가 동일하도록 만들어 주면서 운봉 속도를 진행한다.
- 각 층 용접 후 결함을 제거하고 스패터를 깨끗이 제거한다.

그림 5-24 3차 용접 표면 두 번째 비드쌓기

② 표면 두 번째 층 용접하기

- 아래 비드를 반 정도 남기고 그 위를 겹쳐 쌓아 주면서 위빙한다.
- 위빙 방법은 3-1층 용접 방법과 같다.
- 각 층 용접 후 결함을 제거하고 스패터를 깨끗이 제거한다.

그림 5-25 3차 용접 표면 두 번째 비드쌓기

③ 표면 세 번째층 용접하기

– 두번≥ 비드를 반 정도 남기고 그 위를 겹쳐 쌓아 주면서 위빙한다.

– 위빙 방법은 3–1층 용접 방법과 같다.

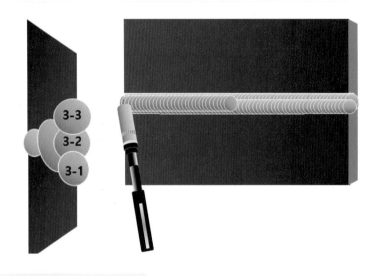

그림 5-26 3차 용접 표면 세 번째 비드쌓기

ⓐ 수평 자세 표면비드

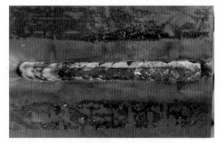
ⓑ 수평 자세 이면비드

그림 5-27 수평 자세 맞대기 용접 시험편

용접부 검사

Chapter

4

NCS기반 **용접산업기사** :

01 가스 텅스텐 아크 용접부 검사

1 시험편의 육안검사

시험편의 육안검사는 시험감독이 진행하며 수험생들은 정해진 자리에 시험편을 제출한다. 육안검사가 통과되면 굽힘시험이 진행된다. 시험편의 육안검사는 다음과 같다.

① 표면 또는 이면비드 폭, 높이가 일정한가?
- 맞대기 용접에서 표면비드의 폭은 9~11mm가 적당하다.
- 표면비드의 높이는 1~1.5mm이하가 적당하다.

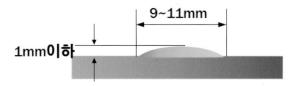

그림 1-1 가스 텅스텐 아크 용접 시험편 표면비드 폭과 높이의 기준

ⓐ 표면비드 폭 부적당(약 16mm)

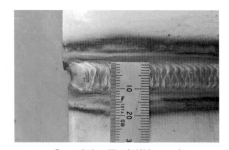

ⓑ 표면비드 폭 적당(약 10mm)

그림 1-2 시험편 비드 폭

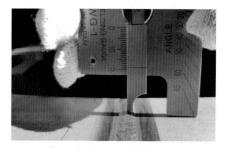

ⓐ 표면비드 높이 부적당(약 6mm)　　　　ⓑ 표면비드 높이 적당(약 1mm)

그림 1-3 용접 시험편 표면비드 높이

② 시작부, 크레이터는 잘 채워졌는가?
- 시작부에서는 입열량이 적기 때문에 아크열로 모재와 와이어를 충분히 용융하여 용착한다.
- 크레이터부에 열이 집중되기 때문에 아크를 끊고 천천히 모재를 서냉하는 것이 좋으며 후기가스를 약 5초간 설정하고 용접 토치를 크레이터부에서 아크를 끊고 바로 때는 것이 아니라 후기가스가 완전히 흐를 때까지 토치를 크레이터부에서 유지한다.

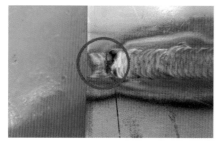

ⓐ 시작부 용융 불량　　　　　　ⓑ 크레이터 처리 불량

그림 1-4 용접 시험편 시작부와 크레이터

③ 언더 컷, 용입불량, 아크스트라이크는 없는가?
- 언더 컷은 전류가 높거나 용접속도가 빠를 때 발생하기 때문에 전류의 재설정과 용접속도를 적정하게 하는 것이 효과적이다.
- 아크스트라이크는 용접 중에 토치의 노즐이 용접부에서 벗어나 모재의 표면에 아크를 발생시켰을 때 생성되는 것으로 팔과 손에 힘을 빼고 부드럽게 하는 것이 효과적이다.

ⓐ 언더컷

ⓑ 아크스트라이크

그림 1-5 용접 시험편의 언더컷과 아크스트라이크

④ 표면비드의 산화, 이면비드의 산화 등이 없는가?

– 이면비드의 산화는 뒷판의 홈과 폭이 깊어 공기의 혼입, 높은 전류의 사용, 용접속도가 느릴 때 발생한다.

– 표면비드의 산화는 용접전류는 높고 속도는 느릴 때 발생한다. 홈 각도에 이물질, 기름 등이 묻어 있는 경우에도 발생할 수 있다.

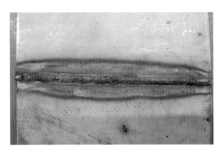

ⓐ 이면비드 산화

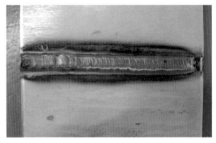

ⓑ 표면비드 산화

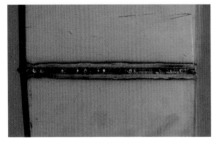

ⓒ 이면비드 적당

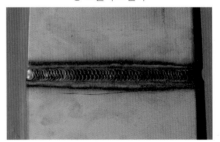

ⓓ 표면비드 적당

그림 1-6 용접 시험편 표면과 이면비드

2 시험편의 굽힘시험

육안검사가 끝나면 모재 표면과 이면을 가공한다. 시험 장소에 따라 수험자 또는 관리원이 가공하는 곳도 있다. 굽힘시험편은 총 4장으로 가스 텅스텐 아크 용접 시험편 2장, CO₂ 용접 시험편 2장이며 각각 표면과 이면의 굽힘시험을 수행한다. 이때 굽힘시험편의 상태가 3mm 이상의 균열이 50%이상 발생된 경우 점수와 관계 없이 불합격으로 판정된다. 가스 텅스텐 아크 용접의 굽힘시험 방법은 다음과 같다.

① 모재의 표면과 이면을 그라인더를 이용하여 가공하며, 이때 용접비드의 길이 방향으로 가공한다.

ⓐ 가공 방법 정상

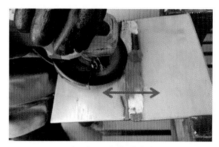
ⓑ 가공 방법 비정상

그림 1-7 굽힘시험 가공

② 가공된 모재는 심사위원에게 제출하면 된다.

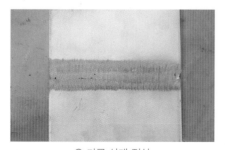
ⓐ 가공 상태 정상

ⓑ 가공 상태 비정상

그림 1-8 용접시험편 가공 상태

③ 절단할 모재의 마킹이 끝나면 모재는 마킹선에 따라 유압전단기 또는 가스절단을 사용하여 굽힘시험 38±2mm 크기로 절단한다. 시험편은 표면과 이면 굽힘을 한다.

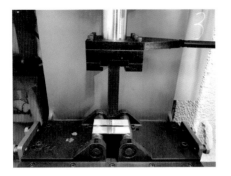 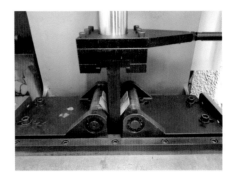

그림 1-9 굽힘시험

④ 그림 1-10 ⓐ와 같이 용접부에 균열이 발생되지 않아야 한다. ⓑ, ⓒ, ⓓ의 경우 불합격에 해당된다.

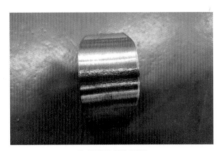 

ⓐ 굽힘시험 정상　　　　　　　　　ⓑ 전 균열 합계 7mm

ⓒ 연속균열 3mm 초과　　　　　　　ⓓ 전 균열 합계 7mm 초과

그림 1-10 굽힘시험 결과

02 피복아크 용접부 검사

1 맞대기 용접부 검사

1 · 육안검사

① 표면비드 폭(10~14mm)과 파형이 일정한가?

  – 비드 폭이 일정기준 이상으로 형성되는 것은 용접속도가 느려 용착량이 많아 발생한다.

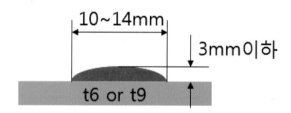

그림 2-1 피복아크 용접 맞대기 용접 시험편의 표면비드 폭과 높이의 기준

ⓐ 표면비드 폭 측정

ⓑ 표면비드 폭(약 14mm)

그림 2-2 용접 시험편 비드 폭 측정

② 표면비드 높이(판 두께의 20% 정도, 3mm 이하)가 일정한가?
　– 표면비드의 높이는 용접속도가 느린 경우 또는 용접전류가 낮은 경우 발생한다.

ⓐ 표면비드 높이 측정방법

ⓑ 표면비드 높이(약 3mm)

그림 2-3　표면비드 높이 측정

③ 이면비드 폭, 높이가 일정한가?

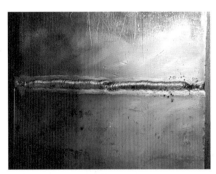
ⓐ 이면비드

ⓑ 표면비드 높이(약 1mm)

그림 2-4　이면비드 높이 측정

2 · 굽힘시험

시험감독의 육안검사가 끝나면 합격자는 모재 표면과 이면을 가공한다. 시험장소에 따라 수험자 또는 관리원이 가공하는 곳도 있다. 가공된 모재는 굽힘시험을 하는데, 시험을 하는 방법은 다음과 같다.

① 모재의 표면과 이면을 그라인더를 이용하여 가공하며, 용접비드의 길이 방향으로 가공한다.

ⓐ 올바른 가공 방법

ⓑ 잘못된 가공 방법

그림 2-5 용접비드 제거

ⓐ 가공부 표면

ⓑ 가공부 이면

그림 2-6 용접비드 제거 완료

② 그라인더 작업 완료 후 동력전단기(샤링기), 가스절단 또는 플라즈마 가공법 등을 이용하여 표면과 이면 시험편을 절단한다.

ⓐ 그라인더 작업 후 시험편 절단

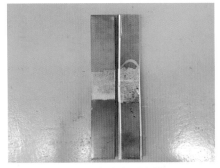
ⓑ 표면 및 이면 굽힘시험

그림 2-7   시험편 절단 및 굽힘시험

③ 시험편 2개를 굽힘시험기에 올려놓고 한 쪽은 표면, 한 쪽은 이면방향으로 놓는다.

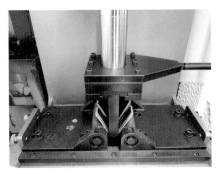
ⓐ 굽힘시험 진행중

ⓑ 굽힘부 검사

그림 2-8   굽힘시험 후 검사

④ 굽힘시험 후 표면검사를 실시한다. 굽힘부위에서 기공, 크랙 등의 결함이 발생할 수 있으므로 정확히 관찰한다. 결함이 발생한다면 결함의 종류별 크기만큼 감점사항이 될 수 있다. 시험편이 1개만 부러질 경우 외관 점수 등을 포함하여 다른 과제등과 점수를 합산하여 합격여부가 달라질 수 있으며 만약 2개 다 부러질 경우 실격 사유에 해당된다.

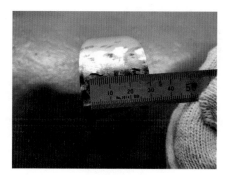

ⓐ 결함 측정 1

ⓑ 결함 측정 2

그림 2-9 결함 측정

03 CO_2 용접부 검사 (플럭스 코어드 와이어)

1 시험편의 육안검사

CO_2 맞대기 용접 시험편의 육안검사는 다음과 같다.

　① 표면비드 폭(10~14mm), 높이, 파형이 일정한가?

　　– 비드 폭이 일정기준 이상으로 형성되는 것은 용접속도가 느려 용착량이 많아 발생한다.

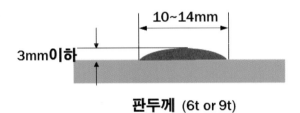

그림 3-1　CO_2 용접 시험편 표면비드 폭과 높이 기준

　② 표면비드 높이가 판 두께의 20% 정도, 3mm 이하가 일정한가?

　　– 표면비드의 높이는 용접속도가 느린 경우 또는 용접전류와 전압이 낮은 경우 발생한다.

ⓐ 표면비드 정상

ⓑ 표면비드 비정상

그림 3-2　시험편 표면비드

③ 이면비드 폭, 높이가 일정한가?

ⓐ 이면비드 정상

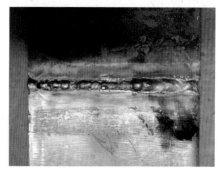

ⓑ 이면비드 비정상

그림 3-3 시험편 이면비드

④ 결함검사 : 언더컷, 오버랩, 용입 불량, 용락, 시작점, 크레이터 처리
　– 언더컷의 경우 용접전류 및 전압이 높거나 용접속도가 빠르면 발생한다.
　– 오버랩은 용접전류 및 전압이 낮거나 용접속도가 느리면 발생한다.
　– 용입 불량은 루트 간격이 좁거나 루트면이 넓으면, 용접전류 및 전압이 낮고 용접속도가 빠르면 발생한다.
　– 용락의 경우 루트 간격이 넓거나 루트면이 작으면, 용접전류 및 전압이 높고 용접속도가 느리면 발생한다.
　– 시작점 결함의 경우 시작부에는 천천히 위빙 하여 홈 안에 충분히 용입 되게 한다.
　– 크레이터부 결함은 끝부분은 덧살 용접으로 크레이터를 채워야 한다.

ⓐ 표면비드 언더컷

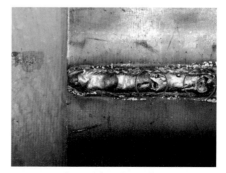

ⓑ 표면비드 가스 불충분

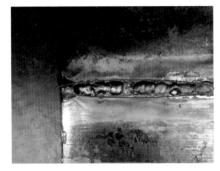
ⓒ 이면비드 용입불량

ⓓ 이면비드 용락

ⓔ 표면비드 시작부 불량

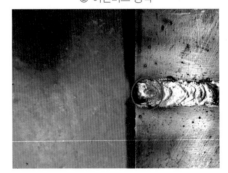
ⓕ 표면비드 크레이터 불량

그림 3-4 시험편 이면비드

⑤ 청소

용접 시험편의 모재에 발생된 스패터를 슬래그 해머와 와이어 브러쉬를 사용하여 깨끗이 닦는다.

작업안전관리

01   작업안전관리

Chapter 5

01 작업안전관리

1 용접 안전보호구 준비하기

1 · 용접면 준비하기

피복 아크 용접 실습에 필요한 용접면의 종류는 다음과 같다. 그림 1-1은 수동 개폐 용접면의 본체 및 주요 구성품을 나타내고 있다. 특히,(d)의 용접 돋보기는 40대 후반부터 노안이 시작된 사람들이 근시로 인해 용융지를 정확히 볼 수 없을 경우 많이 사용한다. 일반 돋보기 안경을 착용할 경우 용접하는 도중에 김서림 현상이 발생하는 불편함이 있을 수 있어 대안으로 용접면에 부착하여 사용하는 돋보기가 시중에서 많이 판매되어지고 있다. 용접부로부터 30cm이내 거리에서 용융지가 선명하게 볼 수 있도록 자신에게 알맞은 돗수를 선택하도록 한다. 주로 사용되는 돗수는 1.75~2.00 수준이다. 용접돋보기는 수동면 또는 자동면에서 모두 부착이 가능하다.

ⓐ 용접면(수동 개폐면)

ⓑ 차광유리(No.11)

ⓒ 맨유리

ⓓ 용접 돋보기

그림 1-1 수동 개폐 용접면 주요 구성품

① 수동 개폐면을 사용할 경우 차광유리의 차광도를 점검하도록 한다. 금속아크 용접의 경우 사용되어지는 전류의 값은 90~200A 수준이며 권장되는 차광도는 10~11 수준이다. 차광도가 10 이하일 경우 눈의 피로가 쉽게 올 수 있으며 장시간 사용은 하지 않도록 한다. 11이상의 경우에는 차광도가 너무 높아 용접 중에 용접 부위의 시야확보가 어려워 정확한 운봉을 할 수가 없어 용접품질이 저하될 수도 있다. 반드시 차광유리의 차광도를 확인하도록 한다.

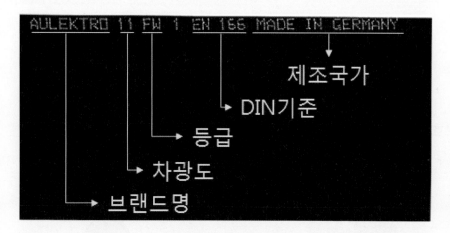

그림 1-2 차광유리 점검

② 그림 1-3은 자동차광 용접면의 종류를 나타내고 있다. 가용접을 할 경우 한손으로는 용접할 제품을 잡고 다른 한손으로는 용접 홀더를 잡는 경우가 많다. 자동면은 별도로 개폐면을 손으로 열고 닫는 불편함이 없고 자동으로 용접면 전면에 설치되어 있는 조도센서를 통하여 빛의 양에 따라 자동적으로 차광이 이루어진다. 현재 자동 용접면은 대중화를 통해 저가형 제품도 많이 출시되고 있다.

ⓐ 자동차광 용접면 1

ⓑ 자동차광 용접면 2

ⓒ 자동차광 용접고글

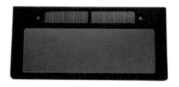

ⓓ 수동면 부착용 자동차광 유리

그림 1-3 자동 차광 용접면의 종류

2 · 보호의 준비하기

① 용접 실습 중 신체에 대한 부상을 방지하기 위해 다음과 같은 보호의를 반드시 착용하도록 한다.

ⓐ 용접 장갑

ⓑ 용접 두건(청 재질)

ⓒ 용접 자켓

ⓓ 용접 바지

ⓔ 용접 앞치마

ⓕ 용접 팔덮개

ⓖ 용접 안전화

ⓗ 용접 발덮개

그림 1-4 맞대기 용접용 실전 시험 모재

3 · 용접마스크 및 귀마개 준비하기

① 용접 작업 중 발생되는 금속 흄가스, 분진, 금속가루 등이 호흡기를 통해 인체 내에 축적되지 않도록 용접실습 중에는 반드시 마스크를 착용하도록 한다. 방진마스크는 반드시 1급을 착용하도록 한다. 또 한, 절단 및 연마 작업 시 가공실 등에서는 보호 안경 또는 귀마개를 반드시 착용하도록 한다.

ⓐ 용접 방독마스크

ⓑ 방진마스크 1급

ⓒ 헤드밴드형 귀마개

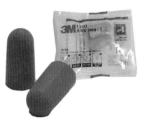

ⓓ 폼타입 귀마개

그림 1-5 용접 마스크 및 귀마개의 종류

완전합격 용접산업기사
실기시험문제

발 행 일   2020년 1월 5일 초판 1쇄 인쇄
            2020년 1월 10일 초판 1쇄 발행

저   자   김민태 · 이한섭 · 임병철 · 김명선 공저

발 행 처

발 행 인   이상원
신고번호   제 300-2007-143호
주   소   서울시 종로구 율곡로13길 21
대표전화   02) 745-0311~3
팩   스   02) 766-3000
홈페이지   www.crownbook.com
I S B N   978-89-406-4100-2 / 13550

특별판매정가   25,000원